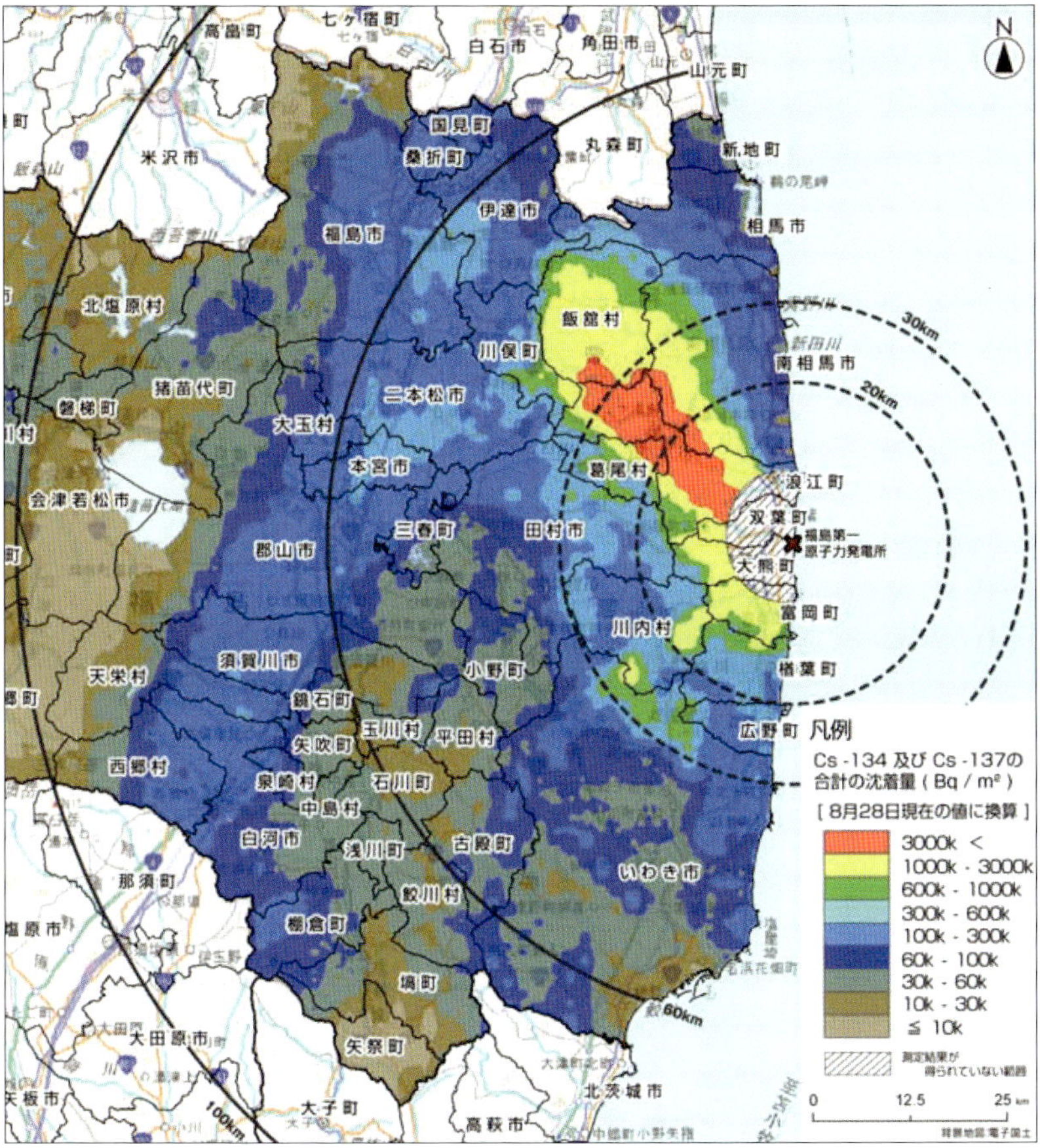

図1 福島県内の地表面へのセシウム134・137の沈着量の合計
（2011年8月28日現在の値に換算）

［出所］文部科学書による航空機モニタリングの測定結果
Copyright NASA 2004

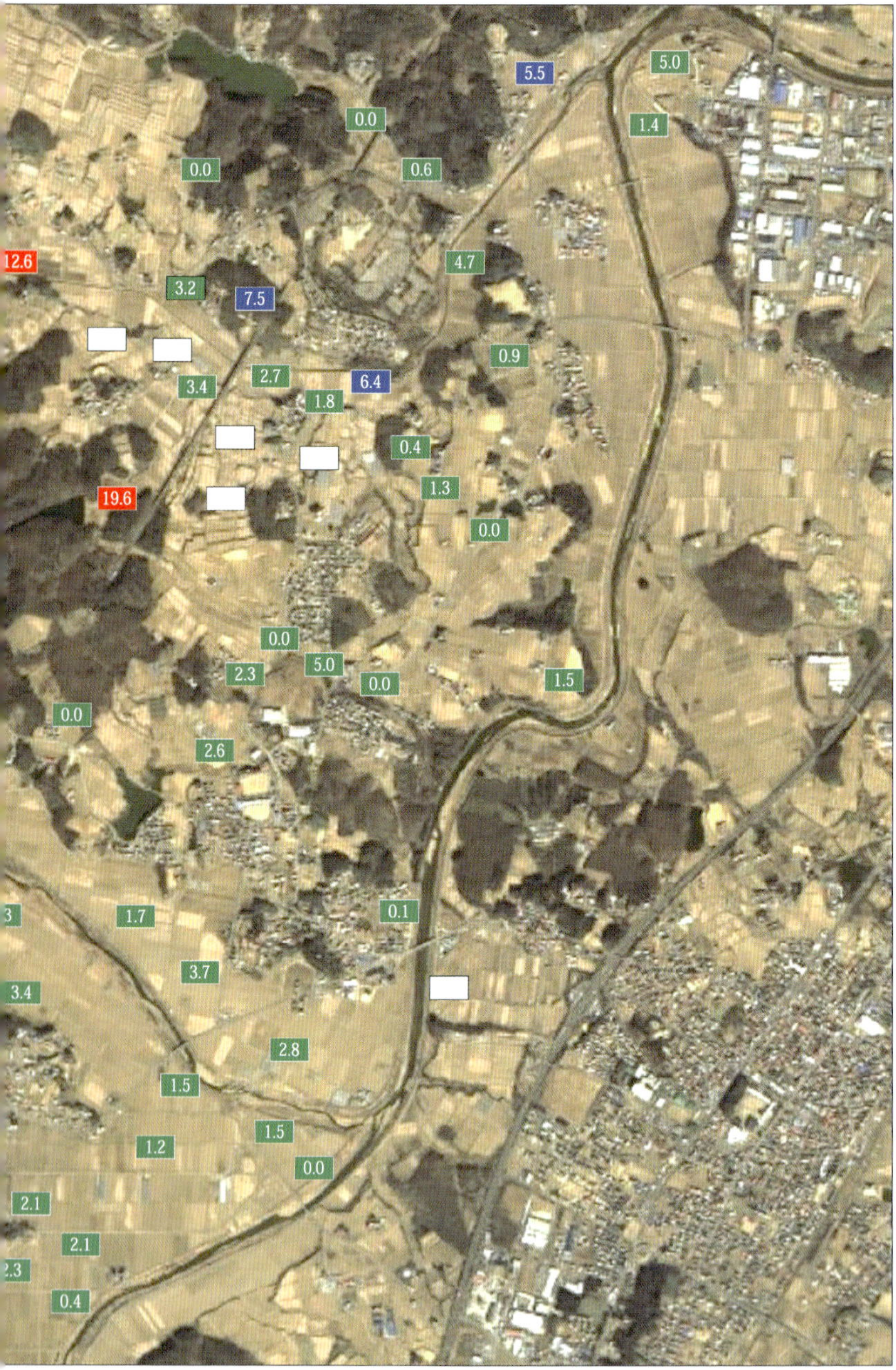


図2 稲田稲作研究会（福島県須賀川市）会員の田んぼの玄米測定データ（2011年度）

5.0 ベクレル/kg以下

5.1 ベクレル/kg以上
10 ベクレル/kg以下

10.1 ベクレル/kg以上

休耕田

# 放射能に克つ農の営み

## ふくしまから希望の復興へ

菅野正寿・長谷川浩 編著

コモンズ

# 農《の》の始め

山に木を植えることが
略奪の文明と対峙する道と
山の神はいう

春の柔らかな土に種を蒔くことが
暴走した科学に対峙する道と
田の神はいう

原子の鬼を土のふところに
塊として埋葬する技を
自然の治癒力として耕す

耕す農の営みは
花を咲かせ実を結び
彩りが里山をつつみ
老いも若きも
おだやかな顔をあらわす

未来永劫へと続く農の道は
美しい国への道しるべ
山の神　田の神が降りてきて
共に五穀豊穣の酒宴をする
農の始め

菅野正寿　2012.1.2

放射能に克つ農の営み●もくじ

プロローグ

# 「土の力」に導かれ、ふくしまで農の道が見えてきた

中島紀一

## 1 鮮明になった三つの事実

二〇一一年三月一一日に起きた東日本大震災とそれに続く東京電力福島第一原子力発電所事故から、まもなく一年が経過しようとしている。突然の大災害・大事故に見舞われ、被災地では多くの方が亡くなられ、苦難の日々が続いてきた。被災地のみなさんにとっては、深刻な被害のなかで、なお生きる希望と暮らしの方途を求めて、苦悩し、模索し続けてきた一年だったであろう。

時間が経過するとともに、大災害と大事故の実像についてさまざまな事実が判明してきた。そうしたなかで原発事故に視点をおいたとき、次の三点が鮮明になったと思われる。

①原発事故は「最悪の事態」寸前まで進んでいた。

②放射能汚染はなす術《すべ》もなく続いている。

③農産物からは、放射能はほとんど検出されなくなった。
まず、これら三点について述べておこう。

## ◆「最悪の事態」が迫っていた

第一は、原発事故は「最悪の事態」寸前まで進んでいたという事実である。福島第一原発の吉田昌郎所長（当時）は、事故を振り返って次のように語っている（二〇一一年一一月一二日の記者会見）。

「感覚的には極端に言うと『もう死ぬだろう』と思ったことが数度あった」

「一号機の爆発があった時、どういう状況かが本部では分からなかった。現場からけがをした人が帰ってくる中、格納容器が爆発していれば、大量の放射能が出てコントロール不能になる（と思った）。三号機も爆発し、二号機の原子炉にもなかなか注水できず、先が見えない。最悪の場合、メルトダウンもどんどん進んでコントロール不能になるという状態で『これで終わりかな』と感じた」

アメリカ政府はかなり早い時期から事態を的確に把握していたようで、自国関係者に福島第一原発から八〇km圏外への即刻退去を強く勧告していた。事故対応の指揮をとっていた陸上自衛隊中央即応集団の宮島俊信司令官（当時）も、当時を振り返って「避難区域を一〇〇～二〇〇㎞に広げるシミュレーションを重ね、日本は終わりかと愕然としたこともあった」と語っている（『毎日新聞』二〇一一年一二月三一日）。首相官邸でも「強制避難範囲は一七〇㎞、任意避難範囲は東京都全域を含む二五〇㎞」という「最悪のシナリオ」が想定されていたことが、事故調査などによって明らかにされてきた。

一方で、「最悪の事態」寸前までできているという事実は、国民に隠されてきた。最初の建屋爆発後に、枝野幸男官房長官は「これは事故ではなく、爆発的事象である」と強弁するなど、政府は「おおげさに心配することはない」と言い続けてきたのである。だが実際には、建屋に続いて原子炉が爆発し、「最悪の事態」が起きる寸前の、恐怖の瀬戸際まで至っていたことは、事故当時から相当はっきりわかっていた。

当時、深刻な事実を隠しておきながら、いまになって平然とした顔をして何を言うかと呆れてしまう。この決定的時点での深刻な事実隠しがあって以降、国が事故について何を言っても国民は本当には信用しないという、国への不信感がつくられていく。

とはいえ、事故は建屋爆発で止まり、原子炉の爆発が寸前で回避されたことは、本当に幸いだった。文字どおりの「不幸中の幸い」の結果として、いまがある。「最悪の事態」が寸前で辛くも回避された結果は、現時点から振り返れば以下の諸点として確認できる。

①事故現場で多数の死傷者が出るという事態は回避された。

②環境に大量の放射性物質が放出されたが、それでも放出されたのは原発内にある膨大な放射性物質の一部にとどまった（量的にも核種など質の面でも）。

③住民の強制避難区域は二〇㎞圏にとどまった（その後、飯舘村などに計画的避難区域が広げられたが）。

④放射性物質の放出と汚染に関して言えば、陸上汚染は、放射性ヨウ素と放射性セシウムにほぼ限定され、建屋爆発による放出のかなりの部分は海上に沈下した。ストロンチウムなどの大量放出は免れたが、その後の原子炉冷却のための大量注水によって、ストロンチウムなども含む原子炉内の放射性物質のかなりの部分がおそらく海に放出され続けている。

## ◆なす術もない放射能汚染

第二は、陸上に放出され、沈着した放射性物質による汚染とそれによる被害は、なす術もなく現在も続いているという事実である。原子炉爆発が回避されたとはいえ、大量に放出された放射性ヨウ素や放射性セシウムは福島県を中心として東日本全域を汚染してしまった。

細野豪志原発担当大臣が汚染対策を「除染」を軸に進めるという方針を打ち出してか

ら、各地で膨大な予算を投じた「除染事業」が進められている。しかし、それは放射性物質を集めて別の場所に移動させているだけで（「除染」ではなく「移染」）、本当の意味での除染効果はあげられていない。さまざまな手法が開発されてきているようだが、多くの場合、最終段階では水で洗い流す。これは直接的に地域の水系汚染を招きかねない。国による除染の工程表が二〇一二年一月二六日にようやく示されたが、それが計画どおり広域に進められるという見通しは見えてきていない。

放射性物質汚染がなす術もなく続いていることの端的な例は、浪江町の採石場で採取された高濃度汚染の砕石を原料としたコンクリートを使って建てられた新築マンションから高濃度の放射線が出続けているという事件（二本松市など）に象徴されている。一年経過しても砕石の汚染は軽減されず、現在も強い放射線を放出し続けているのだ。これは物理学の理論どおりの現象である。放射性物質は消滅せず、放出される放射線の半減には「半減期」を経る以外にはない。ちなみに、おもな放射性物質の半減期は、ヨウ素１３１が約八日、セシウム１３４が約二年、セシウム１３７が約三〇年とされている。

## ◆農産物からは放射能はほとんど検出されなくなっている

第三は、こうした放射能汚染が継続するなかで、農産物への放射性物質の移行はきわめてわずかに抑えられているという事実である。放射能汚染が懸念される農産物の検査は、国、県、市町村だけでなく、生協をはじめとしてさまざまな流通組織がかなり丁寧に実施するようになっている。それらの検査結果のほぼ共通した結論は、一部の品目、一部の地域を除いて、農産物から放射能はほとんど検出されない、あるいは検出されてもそのレベルは低い、という点である。

この結果についてもっとも早く端的な総括的データが示されたのは、表1に示した米の

表1　2011年産米のセシウム検査結果
（17都県、2011年10月12日現在）

| | 検出せず | 100ベクレル以下 | 101～500ベクレル以下 |
|---|---|---|---|
| 青森★ | 40 | 0 | 0 |
| 岩手★ | 108 | 1 | 0 |
| 宮城★ | 503 | 11 | 1 |
| 秋田★ | 72 | 0 | 0 |
| 山形★ | 275 | 0 | 0 |
| 福島★ | 1387 | 324 | 13 |
| 茨城★ | 391 | 4 | 0 |
| 栃木★ | 249 | 3 | 0 |
| 群馬★ | 99 | 2 | 0 |
| 埼玉 | 68 | 0 | 0 |
| 千葉★ | 317 | 2 | 0 |
| 東京 | 5 | 0 | 0 |
| 神奈川★ | 2 | 0 | 0 |
| 新潟★ | 45 | 0 | 0 |
| 山梨★ | 25 | 0 | 0 |
| 長野★ | 78 | 0 | 0 |
| 静岡★ | 4 | 0 | 0 |
| 計 | 3668 | 347 | 14 |

（注）数字は地点数。単位は1kgあたりの放射性セシウム。「検出せず」は各都県が設定した検出下限値以下を指す。福島県はセシウム134、同137各5～10ベクレルと標準的な設定より厳しくしており、100ベクレル以下の数が比較的多くなっている。★は検査が終了した県。農水省のデータなどをもとに朝日新聞でまとめた。
（出典）『朝日新聞』2011年10月13日。

収穫時検査結果である。一七都県の検査地点は合計四〇二九地点で、検出せずが九一・〇％、一〇〇ベクレル以下が八・六％、一〇一〜五〇〇ベクレルは〇・三％だった。また、集計値は少し異なっているが福島県の集計結果では、検査地点一一七四のうち、検出せずが九六四地点で八二・一％、一〇〇ベクレル未満が二〇三地点で一七・三％、一〇〇〜五〇〇ベクレルは七地点で〇・六％であった。

野菜については、三〜四月には福島県のモニタリング検査で暫定規制値（一kgあたり五〇〇ベクレル）を超えた例が少なくなかったが、五月には激減し、六月以降はほぼどの品目でも不検出となっている。生協などによる流通段階での検査でも、六月ごろからはほとんどが不検出である。

放射性セシウムがかなりの値で検出された例がないわけではない。ただし、それは特定の品目に限定されている。とくに検出値が高く、検出頻度も多いのは、キノコ類である。そのほかはお茶や果物などで、暫定規制値以下だが、検出される例も散見される。

また、朝日新聞と京都大学・環境衛生研究室は共同で二〇一一年一二月四日に、福島県二六家族、関東地方一六家族、西日本（中部・関西・九州など）一一家族の一日の食事に含まれる放射性セシウムの量を調査した。その結果は、福島県で最大値が一七・三〇ベクレル、中央値が四・〇一ベクレル、関東地方で最大値が一〇・三七ベクレル、中央値が〇・

三五ベクレル、西日本では最高値が〇・六二ベクレル（一家族しか検出されなかったため、中央値は算出できない）であった。これによる年間内部被曝線量を推計すると、福島県の中央値で〇・〇二三ミリシーベルト、最大値で〇・一ミリシーベルトで、国による新基準値のそれぞれ四三分の一、一〇分の一である（『朝日新聞』二〇一二年一月一九日）。

田畑は放射能に汚染され、したがって農産物の危険性が高くなるだろうと、一般には理解されてきた。こうしたリスク理解を前提として、食べものによる内部被曝の広がりを強く懸念する声が強まっている。

しかし、実際には、放射能が深刻に検出されたのは事故直後の二カ月間だけであり、六月以降は農産物からはほとんど検出されていない。これは驚くべき、そして強く歓迎すべき事実である。農地以外では、放射能汚染がなす術なく続いているなかで、もっとも懸念された農産物についてほとんど検出されなくなっているというこの事実は、たいへん重要である。

毎日の食事からの放射性セシウム摂取量が前述の調査結果の程度まで抑制されてきているならば、健康の保全と維持のために重要なのは、放射性物質の摂取抑制だけではないだろう。排出の促進、すなわち体の代謝力を育てること、そのための食や生活のあり方の改善も、放射能対策にかかわる大切なテーマとなる。そこでは、地産地消、一物全体食、身土不二などの意義があらためて見えてくるように思われる。

こうした今日の状態は、農家による田畑の耕作の結果であり、それは「土の力」「土の包容力」によってもたらされた素晴らしい幸運である。もっとも深刻な被害を受けたはずの農業は、一年間の営農を通じて、「土の力」に支えられて、放射能を抑え込んだ。そして、農の営みを再建していく道が見えてきている。

## 2 放射能を抑え込む「土の力」

本書はこうした「土の力」の報告を主内容として、福島県の農家による事故一年目の実践の現場レポートとして編まれた。だが、「土の力」やそれを引き出すに至った農の現場における一年間の経過については、一般にはまだほとんど知られていない。そこで、本書を読みやすくするために、この点について多少の解説をしておきたい。

原発事故で、田畑も森林も住宅地も等しく放射能の汚染を受けた。土地の表面で生きていた生き物もまた、等しく被曝してしまった。三月と四月に畑にあったほうれん草・小松菜・春菊などの早春の野菜からは高濃度の放射能が検出され、出荷禁止の緊急措置がとられた。そのころ畑にあり、七月に収穫された麦からも、放射能が高い値で検出された例は少なくない。いずれも原発事故による直接被曝の結果だった。

ここで注意しておきたいことがある。それは、放射能汚染という視点から言えば、原発事故で相当大量な放射性ヨウ素や放射性セシウムが放出されたが、それは火山灰が降り積もるといったレベルの量ではなく、放出された物質量はわずかだったということである。ただし、そのわずかな量のヨウ素やセシウムからたいへん強い放射線が出続けている。放射能は強いが、火山爆発による火山灰の降下などと比較すれば物質量はわずかだったのである。

空中の塵《ちり》などに付着した放射性物質は、折からの風や雪や雨で、田畑の表面や枯れ草や野菜などにごく薄く沈着した。そのままなら、放射能汚染の砕石と同じで、いまも放射線を出し続けていただろう。

しかし、田畑はそのまま放置されたわけではない。草は刈られ、除去され、土は耕された。意識の高い農家は、例年よりもていねいに耕耘した。耕耘の深さは通常一〇～一五㎝だが、プラウなどの特別な機械を使うと三〇㎝程度まで耕される。耕されれば、表面にごく薄く沈着された放射性セシウムなどは大量の土と混和される。土には放射線をかなり強く遮蔽する機能があるから、地表の放射線量は耕耘で大幅に低下する。

さらに、土に混和された放射性セシウムは、さまざまな形で土に吸着・固定し、移動性がなくなる。セシウムは土壌中（下層への流出、作物による吸収など）では水溶液としての移動が想定されるが、土壌に混和されたセシウムが水溶性の形で存在するのは推定一％程度という研究報告もある。土のセシウム吸着・固定能力は、土壌中のセシウム量に比して相当に大きい。この力は海岸の砂浜などでは期待できないが、通常の作物が栽培できる農地土壌においては普遍的に備わっていると考えられている。

セシウムの吸着・固定能力の実態は、粘土鉱物の結晶構造、粘土鉱物や有機物（腐植）の電気的性質（プラスに荷電したセシウムがマイナスに荷電した粘土鉱物や有機物に吸着される）、土壌微生物など土壌に生きる生き物による体内への取り込みなどが想定される。ただし、実態の解明はこれからの課題である。

また、作物は無機成分としてセシウムを吸収するが、それは好んで吸収するというものではない。たとえばカリウムなどと似た吸収特性があるとされている。カリウムは大量に吸収するが、セシウムの吸収はわずかだということもわかっている。

とはいえ、すでに述べたように福島の農産物がすべてセシウム汚染から免れているかといえば、そうではない。キノコ類からは相当の頻度で、中・高レベルの放射性セシウムが検出されている。米でも野菜でも例は少ないが、中レベル（五〇〇ベクレル前後）のセシウムが検出される場合もある。

二〇一一年一〇月一二日に福島県知事が福島県産米の安全宣言を出した直後に、福島市大波地区、伊達《だて》市小国地区などの産米を自主検査したところ、その一部から中レベルの放射性セシウムが検出され、テレビや新聞で大きく報じられた。これによって福島県産米の信用は一気に失墜してしまう。

その後の調査によれば、中レベルでの放射性セシウム検出事例は、いわゆるホットスポット地区に限定され、それ以外の地区での検出はないことが判明している。ホットスポット地区でなぜ中レベルの検出があったのかについては、明快な要因解析はまだでていない。土壌のカリウム欠乏が指摘されているものの、それだけが原因とは考えにくい。これらの地域が山際であることをふまえるならば、山水の流入など周辺環境から田んぼや稲へ何らかの追加汚染(移染)があったのではないかとも考えられる。

振り返って強く悔いが残るのは、ホットスポット地区のあぶり出し調査が十分に行われなかったことである。福島市や伊達市の当該地区の農家からはより詳しい事前調査の要望が提出されていたが、採用されなかったようである。調査を求める農家の声に対応していれば、これらの地域の問題は事前に把握できたと思われる。事実の詳細な把握よりも、米の販売をうまく進めるための安全宣言が優先されたのだろう。状況判断に大きな間違いがあったと言わざるをえない。

今後は、空間放射線量と土壌汚染の測定をていねいに実施し、ホットスポットのあぶり出し調査をしっかりと進め、農産物についての詳しいモニタリング検査を継続しなければならない。とりわけ、的確な状況判断が求められる。安全宣言のためには不可欠な事前作業である。

## 3 季節の巡りに導かれて

二〇一一年の四月、五月ごろは、農家に強い不安があった。

「今年は、農業は無理ではないか。栽培しても、収穫物は放射能で食べられないのではないか。販売しても、売れないのではないか」

避難指示区域（警戒区域）や計画的避難区域以外でも、子どもたちのことなどを考えれば遠隔地へ避難したほうがよいのではないかという恐れと葛藤も強くあった。

だが、そうした不安と迷いのなかで、福島の多くの農家は田畑を耕し、種を播き、作物を育てた。作付制限地域以外では、耕作放棄の拡大は予想よりもずっと少なかった。それはなんと言っても、季節が巡り、雪が消え、気温も上がり、小鳥がさえずり、緑が深まっていけば、農家の体がうずいてくるからである。自然とともに生きてきた農人たちの体が、田畑に出て、耕すことを強く求めたのだ。

被災地の中心である阿武隈《あぶくま》山地の農業をおもに支えてきたのは、お年寄りたちであり、その農業形態は自給的農業であった。お年寄りたちの何よりの仕事は、小さな田畑を耕し、家族の食べものを生産することであり、それが生き甲斐である。原発事故以降も、お年寄りたちのこの気持ちに変わりはなかった。季節の巡りを感じて耕し始めたお年寄りたちに主導され、福島の多くの農家は、農業を止めず、野に出て耕し、種を播いたのである。

耕し、種を播けば、作物は育ち、やがて収穫のときとなる。そこであらためて、農産物の安全性が厳しく問われた。この農産物は食べても大丈夫なのか。可愛い孫たちに食べさせても大丈夫なのか。この不安感から脱するには、自ら測定し、放射能が安全圏内にあるかを確かめるほかはなかった。本書で詳しく紹介した二本松市東和地区の「ゆうきの里東和ふるさとづくり協議会」と須賀川市の「ジェイラップ」は、放射能の自主測定を組織的に展開した事例である。東和地区の場合は、自主測定は販売のためというよりも、まずはお年寄りたちの不安に応えるためだった。

現在では、福島の農産物から放射能はほとんど検出されていない。作った野菜を孫に食べさせても大丈夫なのだ、という歓びは、土の力、土の包容力の結果として実現された。

それは、不安のなかで、なお耕し、種を播いたお年寄りたちの自給的な農の営みとして、文字どおり切り拓き、獲得された結果だったのである。

## 4 基本は「測定して耕す」

二〇一一年の福島では、耕して種を播く農家の営みと、それが引き出した「土の力」によって、放射能の農産物への移行はごく低い水準に抑えられた。しかし、それが二〇一二年以降も継続、深化していくかどうかは、まだわからない。田畑以外の環境の放射能汚染は依然として続いているし、ホットスポットも十分にあぶり出されてはいない。

二〇一二年の作付けにあたっては、まず詳しく丁寧な測定の継続が必要だろう。「測定して耕し、収穫してまた測定する」ことが、前提となるだろう。ところが、各地域の実情をみると、「測定」についてはほとんど計画も体制もつくられてはいない。

空間放射線量の詳しい測定(できれば一〇〇mメッシュで、地表一mと一cm)、田畑一枚一枚についての土壌汚染測定、収穫物の測定、そして食事の測定。測定結果の整理と公表も不可欠だ。地形的条件や耕作方法の違いと測定値の関連性などの詳しい解析も必要だろう。

二〇一二年はこれらを計画的に実施していきたい。そのための費用を国と東京電力に至急、要求しなければならない。

こうした測定活動の中軸に被害者である生産者をきちんと位置づけていくことも、非常に重要な課題だ。現在まで、測定の主体はまず行政であり、次に流通組織となっている。だが、測定についてのこうしたあり方は根本的におかしい。測定は、被害者による被害実態の測定を中軸におくべきである。国や県は、被害者である生産者の自主的な測定活動を積極的に支援していくべきなのだ。国に明確な加害者責任があることを考えれば、この原則はとくに重要である。

国や県は「公共」を楯に、勝手に、不適切で不十分な測定をして、勝手に作付けや流通を規制し、また、勝手に「安全宣言」をした。その結果として大混乱を引き起こし、福島の農産物の信用を失墜させてしまった。この経験を厳しく総括すべきなのだ。

そのうえで、最後に、あらためて確認しておきたい。

耕し、種を播くことによって「土の力」が引き出され、福島の農に復興の道が見えてきた。

# 第1章

# 耕して放射能と闘ってきた農家たち

第1章は、原発事故の衝撃を受けた農業者が厳しい状況のもとでどのように希望の光を見出していったかの報告である。当初は誰もが強い衝撃を受け、不安に苛まれていたが、耕し、種を播くことによって、土の力を借りながら少しずつ展望が開けていった。それをリードしたのは、お年寄りたちの自給的農である。

福島県は、太平洋と阿武隈高地にはさまれた浜通り、阿武隈高地と奥羽山脈にはさまれた中通り、奥羽山脈の西の会津に分けられる。いうまでもなく、浜通りが原発事故の直撃を受けた。だが、中通りも、いわゆるホットスポットだけでなく、すべての地域に放射能汚染の影響が及んだ。また、一〇〇km以上離れた会津でも、農産物の販売や観光への打撃は大きかった。

1〜3は、中通りで有機農業や環境保全型農業を長く地域ぐるみで行ってきた、二本松市東和地区の「ゆうきの里東和ふるさとづくり協議会」と須賀川市の「ジェイラップ」の取り組みである。事故の一カ月後ぐらいから、放射能汚染を軽減するための情報を集め、話し合いを重ね、支援者の協力を得て、農家自身の手で農地と農産物を測定し、安全性を確認していった。その大きな支えになったのは、交流を重ねてきた団体や消費者である。また、福島第一原発から五〇㎞前後であるにもかかわらず、米や野菜から検出された放射性セシウムの値は低い。

前者は、放射能汚染対策のみならず、会員たち、なかでも家族の食生活を担う女性たちの心の苦しみを仲間たちで語り合うなかでときほぐしていった。後者は、会員すべての田んぼの玄米の測定結果を整理したマップを作成し、どんな条件のところが汚染度が相対的に高いのかを明らかにした。いずれも、真の意味での復興に向けて高く評価される。

4と5は、浜通りの南相馬市の農業者の状況である。避難を余儀なくされた農業者の苦悩と、避難先でも種を播いて耕す姿、そして自治体行政による稲の作付け禁止に抗して稲作を行い、土壌から玄米へのセシウムの移行を一〇〇分の一程度に抑えた老農の農に賭ける想いが、それぞれから伝わってくるだろう。

6では、会津で何が起きていたかが、自らの葛藤と対応をふまえて、みごとに描かれている。現実を直視し、地域にとどまり、有機農業によってつながりをつくりだそうというそのメッセージは、本書全体を通底するものである。

# 1 耕してこそ農民——ゆうきの里の復興

菅野正寿

## 1 地域づくりのNPO法人の設立

「♪山の畑の桑の実を小籠に摘んだはまぼろしか」

童謡「赤とんぼ」に唄われた、桑畑と棚田の里山を赤とんぼが舞うふるさとが、ここ福島県二本松市旧東和町に蘇った。

旧東和町は阿武隈《あぶくま》山系の西側に位置し、人口約七〇〇〇人の中山間地域である（標高二〇〇〜六〇〇m）。かつては養蚕・葉たばこ・畜産が盛んで、一九七〇年代には繭の生産額が一二億円に達した、県内有数の養蚕地帯であった。だが、生糸や牛肉の輸入自由化の波のなかで、養蚕農家、酪農家、肥育牛農家が激減し、桑畑や牧草地が荒廃していく。

これに追い打ちをかけると思われたのが、二〇〇五年一二月の合併（二本松市・安達《あだち》町・岩代《いわしろ》町との一市三町）である。「合併によって過疎に拍車がかかるのではないか」「東和町で取り組んできた有機農業による産直、都市との交流、農家と商店による特産品振興などが、合併によって大きな影響を受けるのではないか」という危機感を私たちは抱いた。

そこで、合併を半年後に控えた二〇〇五年四月に、有機農業生産団体、東和町特産振興会、東和町桑薬生産組合、とうわグリーン遊学（交流事業の組織）などが中心となり、「NPO法人ゆうきの里東和ふるさとづくり協議会」（以下「ゆうきの里東和」）を設立する。これは、地域循環型農業の推進をめざして二〇〇三年に設立していた「ゆうきの里東和」を発展的に改組したものである。

そして、行政にできること、民間企業にできること、住民主体でできることをそれぞれが尊重し合い、パートナーシップをもって地域の課題に取り組むことが大切ではないかと議論を重ねてきた。「ゆうき」という表記には、有機農業による地域資源循環のふるさとづくりを、顔の見える有機的な関係のもとで、勇気をもって取り組もうという、三つの意味がこめられている。以下は、その宣言だ。

### 「ゆうきの里東和」宣言

この地は西に安達太良連峰を望み、木幡山、口太山、羽山の伏水が阿武隈川に注ぐ里山の営みが連綿と息づいてきました。

春の山菜、夏の野菜、秋はきのこに雑穀、いも類、果実、冬の漬物、味噌、納豆、餅の文化を生業として暮らしに活かしてきました。

わたしたちは「山の畑の桑の実を小籠に摘んだはまぼろしか…」と唄われた桑畑、麦畑、棚田の稲穂を赤とんぼが舞うふるさとの原風景を子供たちに伝えます。

わたしたちは平らな土地は一坪でも耕すという先人の哲学を受け継ぎ、自然との共生、新たな技、恵みを創造します。

わたしたちは心にやさしく、たくましく、生きる喜びと誇りと健康を協働の力で培います。

わたしたちは「君の自立、ぼくの自立がふるさとの自立」輝きとなる住民主体の地域再生の里づくりをすすめます。

わたしたちは歴史と文化の息づく環境を守り育て、人と人、人と自然の有機的な関係と顔の見える交流を通して、地域資源循環のふるさと「ゆうきの里東和」をここに宣言します。

ゆうきの里東和の会員は二六〇名、理事は一九名だ。現在六つの委員会があり、協力し合って地域づくりを進めてきた(図1)。

図1　NPO法人ゆうきの里東和ふるさとづくり協議会の組織図

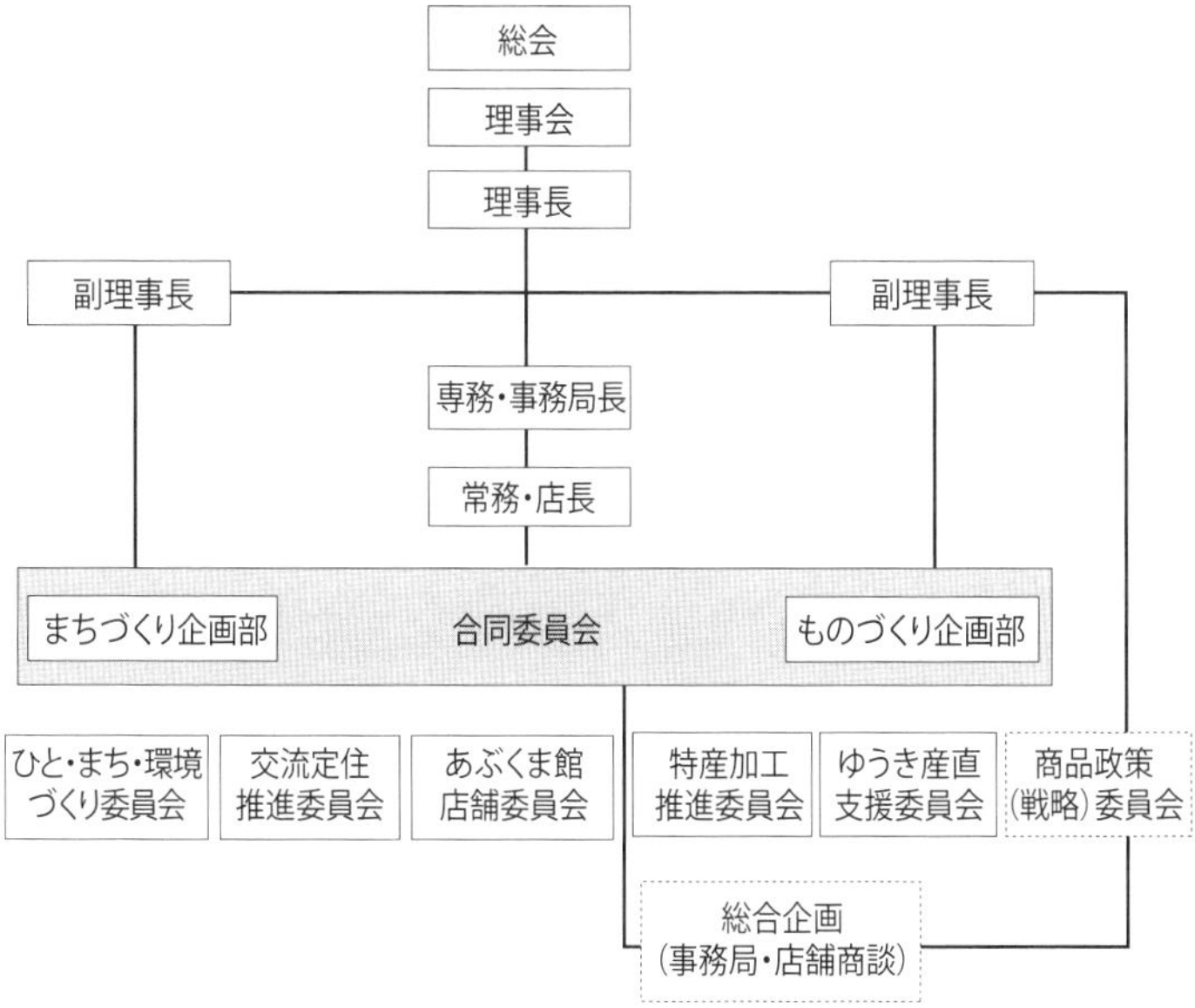


①特産加工推進委員会
桑の葉、桑の実、いちじく、えごまなどの特産品開発・販売

②あぶくま館店舗委員会
道の駅ふくしま東和を中心に、コープふくしま、イトーヨーカ堂などの店舗販売事業

③ゆうき産直支援委員会
地元の学校給食と首都圏を中心としたゆうき産直

④交流定住推進委員会
新規就農者の受け入れ、農業体験など

⑤ひと・まち・環境づくり委員会
生きがいと健康づくり

⑥商品政策（戦略）委員会

旧東和町の桑畑と桑薬生産組合のメンバー

商品の企画開発・販売戦略。

なかでも重視してきたのが、三〇〇ha以上も耕作放棄された桑畑の再生である。私たちは研究機関、行政、企業と連携して、桑の葉の成分を科学的に解明してきた。その結果、桑の葉に含まれるDNJ（1-デオキシノジリマイシン）が血糖値の急激な上昇を抑制することがわかる。そして、抗酸化作用のあるアントシアニンの含有率が高い品種を導入し、二〇haの桑畑を復活させた。生産量は桑の葉が五〇トン、桑の実が二トン。おもな製品は桑の葉パウダー、桑の葉茶、桑の実ベリー、桑の実ジャムなどである。

また、独自の認証制度を設けた「東和げんき野菜」は、生協はじめ福島県内の消費者の人気を集め、売り上げの増大に貢献している。この地域ブランドには五つの約束がある。

①畑の土壌診断を毎年実施する。
②栽培履歴を記録し、提出する。
③完熟有機質の「げんき堆肥」と有機質肥料を使用する。
④農薬と化学肥料の使用量を慣行栽培の半分以下(国の特別栽培の基準以下)にする。
⑤葉物野菜の硝酸イオン残留値を測定し、EU基準の一kgあたり二五〇〇mg以下にする。

現在は一五〇名の会員がこの認証を受け、特別栽培認証と有機認証の取得者は合わせて四〇名を超えた。

二〇〇六年七月からは、二本松市より「道の駅ふくしま東和」(以下「道の駅」)の施設指定管理を受けた。道の駅には、①桑、漬物、ジャムなどの加工施設、②農家と商店の野菜や工芸品、新規開発した加工品などの展示・直売、③体験交流・会議施設という三つの機能がある。食堂とジェラート(アイスクリーム)店も併設され、二四名の職員(うち常勤六名)が働いている。直売所会員は約一五〇名で、その大半を高齢者が占める。

私たちはこの道の駅を、土づくりと、畑作とくに野菜を中心とする少量多品目農業による地産地消と地域再生の拠点として位置づけている。さまざまなイベントも開くし、ゆうきの里東和の事務所や会議室も併設されている。商品を販売する機能だけでなく、地域における共同活動の場であり、地域づくりの課題に取り組む場なのである。

さらに、新規就農定住者が一六組二〇名を数え、耕作放棄地を耕し、空き家に新住人として暮らし、地域にとけこんでいる。東日本大震災と東京電力福島第一原子力発電所事故以降も、五名が研修を受け、定住した。東和げんき野菜の拡大と新規就農者の努力で、さらに三〇haの耕作放棄地が解消されるに至る。

こうしたさまざまな取り組みの成果で、事業高は二〇〇六年度の三二〇〇万円(道の駅一八〇〇万円)から、一〇年度には二億円(九三〇〇万円)へと約六倍に伸びた。

## 2 有機農業と地域づくり

ゆうきの里東和の地域づくりを生み出した原動力は、青年団運動にある。私は一九八〇年に就農して以来、青年団運動に力を入れてきた。当時の青年団が取り組んでいたのは、孤独な青年の解消、盆踊り、体育祭、文化祭、結婚や仕事について語り合う青年問題研究集会の開催などだ。「語り合おう青春、つくろうふるさと」がスローガンだった。

養蚕と畜産が衰退していくなか、出稼ぎに頼らずに農業で生きる道を青年団の仲間たち

桑畑と棚田。急斜面も耕し、桑を植えた先人の汗をいまも引きつぐ

と夜通し議論したものだ。東和のような中山間地域では、単一栽培による大規模化、企業化、機械化はむずかしい。私たちが模索したのは、トマトやキュウリを中心とする野菜の施設栽培の確立と、四季折々の風土を活かした少量多品目生産の有機農業による複合経営である。

こうして、福島市内の消費者グループとの提携、コープふくしまとの産直が始まる。あわせて、ふくしま東和有機農業研究会を設立し、当時の東和農協と交渉して産直部会を設立した。農法の研究と販路の拡大に飛び回る日々が続く。首都圏の流通団体、千葉市のなのはな生協、自由の森学園（埼玉県飯能市）の学校給食と、人との出会いが提携と産直を広げていった。

私自身の経営は、かつての養蚕主体から、地域の高齢化のなかで受託耕作が増え、水田二・五ha、雨よけトマト一五a、畑二ha（高原大根、雑穀、自給用野菜など）に拡大する。二〇〇〇年秋には、使わなくなった蚕室を改造して念願の餅加工所が完成。地域の恵みを活かした豆餅、きび餅、よもぎ餅、味おこわ、仕出し弁当など、年間を通した加工に取り組んだ。元来、餅は季節の節目と冠婚葬祭など人生の節目に食されるハレの文化であり、その復活が実現したわけである。同時に、この加工所は私の妻や地域の女性たちの自由な居場所としての役割も担っている。

さらに二〇〇三年には、里山を中心とした地域資源の活用・循環の拠点として、前述のゆうきの里東和を設立した。そして、地域資源を軸とした有機農業を面的に広げようと、有志一九名が出資して有限会社ファインをおこし、堆肥センターを建設した。堆肥は牛糞を中心に、わら、おがくず、GUM菌（有効微生物群）、籾殻、そば殻、発酵鶏糞、地元企業の食品残渣（野菜くず、かつお節、おからなど）などが原料となっている。この「ゆうきの里」づくり堆肥げんきは道の駅でも売られ、直売所生産者会員のほぼ全員が利用する。

一方で、一九九〇年代には首都圏から、産業廃棄物処理場やゴルフ場が福島県に押し寄せてきた。「福島は東京のごみ捨て場ではない」「農薬を撒き散らすゴルフ場はいらない」と反対運動に立ち上がったのも、有機農業生産者だ。「東和の自然を守る会」を結成し、看板を立て、当時の人口八〇〇〇〇人の過半数を超える署名を集め、一〇年かけて撤退させた。この力が有機農業と地域づくりに発展していったと思われる。

第二次世界大戦前、東北の多くの農民が兵士として出征し、若い命を奪われた。戦後は高度経済成長のもと、高速道路、高層ビル、新幹線に労働力を奪われ、冷害と減反に苦しんだ。食料基地としての東北は、輸入農産物・輸入食品の増大のなかで大量生産・大量消費のごみ捨て場とされた。そして、消費者ニーズという名目で、食べものが商品として買い叩かれていく。しかも、「農家は過保護」といわれる。

だが、現実には農産物価格が下落し、農業では食べていけない。だから、兼業農家が増える。行政の仕事も政治家の仕事も、企業誘致と公共土木事業一辺倒になった。東北で一番首都圏に近い福島県は、食料と労働力の一大供給基地となる。さらに、人口過密の首都圏の電気も、「安全な原子力の平和利用」という美名のもとで、福島県から送電された。福島第一原発の電力は、福島県ではまったく使われていない。

## 3　闘って種を播こう

二〇一一年三月一一日の午後、私は確定申告のため二本松税務署にいた。岩代《いわしろ》の国といわれ、地盤が強いはずの地面が大きく揺れ、立っていられない。そして、大粒の雪。天変地異が起こったと感じ、急いで自宅に戻った。土蔵の壁が落ちて傾き、母屋ではさまざまな物が落ち、加工所の機械も傾いている。その片付けに追われるなかで、テレビから流れる家も人も農地も押し流す津波の映像に驚嘆した。

福島第一原発の一号機に続き三号機が爆発した翌日の三月一五日、浪江町から二本松市に約三〇〇〇人が一気に避難してくる。東和地区では、約一五〇〇人が公民館、体育館、空き校舎など一〇カ所に入った。ゆうきの里東和では急遽役員会を開き、暖房器具を八台提供した。三月中旬とはいえ、夜は氷点下に冷え込むからだ。

翌一六日には前年に就農したばかりの長女・瑞穂が避難所に出向き、避難者たちの声を聞く。要望に応じて、家族や友人にセーターやジャンパーなどの支援をよびかけ、運び込んだ。妻は保存していた大根を煮込み、バケツで何回も提供した。避難所には、婦人会や赤十字奉仕団や地域のボランティアの輪が広がっていく。道の駅でも、放射能と停電の不安のもとで自家発電して、物資が不足するなかでおにぎりや総菜などの提供を続けた。

やがてガソリンが不足し、放射能の不安から外に出る人が減り、周囲はまさに「沈黙の春」となっていく。二三日には、ほうれん草やキャベツなどの出荷制限が発表された。一九日に二本松市の防災無線で流された環境放射線量(空間線量)測定値は、毎時六マイクロシーベルト。すぐ南の本宮市《もとみや》では、くきたち菜から暫定規制値一kgあたり二〇〇〇ベクレルの七・五倍の放射性ヨウ素、暫定規制値一kgあたり五〇〇ベクレルの一六四倍の放射性セシウムが検出される。私はこの数値に、驚きと同時に恐怖を感じた。私たちが再生してきた里山も桑畑も水田も、ことごとく汚染されてしまったのか。悔しさと怒りと苦悩は、筆舌に尽くしがたい。二五日には、「農事組合長だより」で耕耘作業と作付け延期の指示が出される。

ゆうきの里東和では、二〇〇九年から「里山再生プロジェクト」を掲げ、人と土と地球の健康づくり、地域コミュニティと農地と山林の再生を目標にスタートしたばかりだった。田畑が荒れれば、心も荒れる。未来の子どもたちにふるさとの原風景を伝えようと考えたのだ。また、東和地区では、里山の恵みである山菜類が地域の食を支え、有機農業者たちは里山の落ち葉を堆肥に利用してきた。しかし、原発事故による放射性物質は、その大切な里山にも、復活させた桑畑にも、そして水田にも、降り注いでしまったのだ。

四月一二日に土壌を再検査した結果、二本松市の土壌中の放射性セシウム含有量は一kgあたり一〇〇〇~三〇〇〇ベクレルと発表され、稲作の作付制限の五〇〇〇ベクレルを下回った。だが、農家の不安ととまどいは収まらない。

二日後に開かれたゆうきの里東和の生産者会議には一〇〇人以上が集まり、「出荷制限の野菜があるなかで、何を作付けすればいいのか」「自分の畑はどのくらい汚染されているのか」などと、口々に不安を訴えた。福島県農業総合センターには全国で唯一、県で有機認証を行う有機農業推進室がある。原発事故からほぼ一カ月後の四月一九日に、有機農業推進室では以下のような「作付けに関する考え方」を出した。

①有機物の施用

放射性セシウムは、土壌混和により大部分が土壌に吸着され、作物に吸収できない状態になると言われている。同様に有機物にも吸着されるため、可能なかぎり堆肥等の施用を行う。

②圃場の耕起

圃場に飛散した放射性セシウムの濃度を、農作物の根圏においてできるだけ薄めるため、可能なかぎり深耕を行う。

③肥培管理

石灰などの土壌改良資材は、土壌pHを中性化する効果があり、放射性セシウムの吸収をより少なくするとされている。また、カリウムについては、放射性セシウムの農作物への吸収をより少なくする効果があるとされている。

現時点で考えても、かなり適切なアドバイスである。私たちはこのことを仲間の生産者に伝え、不安の声を心から受けとめつつ、こう訴えた。

「耕して種を播こう。出荷制限されたら、損害賠償を提起しよう」

久しぶりに会ったお互いの顔に、元気が戻っていくように見えた。

翌一五日には、福島県農業総合センターに福島県有機農業ネットワークの仲間二五人が集まる。ここでは、これまで培ってきた有機の田畑が汚染された苦悩が語られた。

「これまで自信をもって消費者に届けてきたが、この放射能で自信をもって届けられない」(産直提携四〇年の二本松市・大内信一さん)

「原発にはずっと反対してきた。けれども、国策として進められてきた原発に反対することは国賊に見られてきた」(自宅が福島第一原発から二〇㎞圏内で、会津に避難していた南相馬市の根本洸一さん)

悔しさと涙のにじむ集会である。同時に、私はこう思った。このネットワークの会合を定期的にもって、お互いの心に寄り添い、励まし合い、情報を共有していこう。

四月二六日、私は東京電力本社(千代田区)前に立っていた。三〇〇人の福島県農民連の仲間とともに、抗議行動に行ったのだ。そのなかに、キャベツの出荷制限が出された翌日の三月二四日朝に自ら命を絶った有機農家(須賀川市)の未亡人もいた。彼女は夫の遺影を持って、東京電力幹部に対し、涙ながらに訴えた。

「夫は原発に抗議するために死んだのです」

私も涙が止まらなかった。この死を無駄にしてはならない。

そして、あらためて思った。

津波で農地も家も命も流された方々の無念を思い、避難して農業ができない苦渋を思い、闘って種を播こう。

## 4 長女の苦悩と葛藤とひまわりプロジェクト

避難所での支援や自宅での風呂の提供などをしていた長女の瑞穂は、作付延期の指示が出された三月二五日ごろから苦悩していた。「東京に避難してきなさい」など、健康を心配する友人からのメールがたくさん届いていたのだ。そのころ、多くの若いお母さんや子どもたちが避難していた。彼女も、「作付延期で何もできない」と悩みながら、友人の誘いで、東京、さらに佐渡島へ一週間の旅に出た。

だが、離れていても、福島のことが心配だったようだ。「私はこのままでいいのか。福島で、できることがあるんじゃないか」と自問自答して帰ってきた。帰るとすぐ四月七日に、農民連の仲間とともに南相馬市へ支援物資を届けに行く。そして、津波ですべてを流された光景、牛も犬も野放し状態で街も人も消えてしまったような光景に、「もっと困っている人たちがいる。この現状を知り、動ける人が動くしかない」と強く思ったらしい。

その後、「ふくしま農業再生プロジェクト」を立ち上げ、その第一弾として「希望を込めて…ひまわりの花を咲かせよう！」を行うことにして、ブログをとおして参加を呼びかけた。我が家の畑一五aに、セシウムを吸収するといわれるひまわりの苗を植えるのだ。

六月五日の作業日には、福島県内をはじめ遠くは京都府からも合計二一名が駆けつけて、約五〇〇〇本のひまわりの苗を植えた。さらに、さつまいもの苗も五〇〇本を植え、昼にはバーベキューで交流。久しぶりに里山に歓声が響いた。人との出会いのなかで、長女は前向きにこの地で農業をしていく気持ちになっていったように思う。

八月二〇日には咲き誇ったひまわり畑で、野菜や花の収穫祭を開いた。いまでは、母校の大学の先生や学生など、支援の輪が広がっている。就農して二年目にぶつかった原発と放射能に向き合う決意をした娘を心から応援したい。ブログには、こう書いている。

「目の前の生産だけにとらわれず、直接消費者との顔の見える交流やイベントを通して人と繋がる農業を切り開いていくのが私のめざすもの。農業には可能性があって人に夢や感動を与え続けられる職業だと伝えていきたい」

年が明けた二〇一二年一月には母校の大学に杵と臼を持ち込み、餅つきイベントを実施し、三〇〇名もの女子大学生がつきたての餅に歓声をあげた。さらに、その学生たちを対象に年四回耕作放棄地を開墾する「福島・とうわで未来を耕し隊！」を、放射能に対する知識を学ぶワークショップも含めて行う予定だ。

ただし、私は原発事故の翌月から農作業に従事している娘の健康が心配でならなかった。ようやく秋になって市民放射能測定所（福島市、第3章参照）のホールボディーカウンターで検査でき、健康へのリスクが少ないことに胸をなでおろした。子どもたち、若い女性、そして農業者の定期的な健康診断体制を早急に整えてほしいと、心から願っている。

## 5 支援に支えられて

東和の環境放射線量測定値は、四月には毎時二マイクロシーベルト、五月には毎時一マイクロシーベルトと下がっていった。五月の連休には、鳥やカエルの鳴き声と、野良からは田畑を耕すトラクターの音が響きわたるようになる。

私は、耕す春が好きだ。耕して顔を現す黒い土の匂いが好きだ。げんき堆肥を田にも畑にも撒いた。そして、例年よりゆっくりと、深く耕す。米ぬかとぼかし肥料も撒いた。しかし、収束しない原発の不安、自分の農地がどのくらい汚染されているかわからない不安は募っていた。福島の農産物に対する敬遠の声も高まっていく。

その一方で、遠方からの支援の声も届いていた。五月上旬に日本有機農業学会の会員や全国有機農業推進協議会の事務局メンバーが、相馬市や南相馬市を経て、道の駅へ視察に訪れる。私たちは口々に、曖昧な放射能の基準と実態の見えない不安を訴え、ゆうきの里東和の里山再生と復興計画への支援をお願いした。

地域の主人公は地域の住民だ。作物は日々成長し、日々農作業に従事する農民は放射能と向き合っていかなければならない。私は例年より一週間ほど遅れて田植えをした。五月二五日である。国や福島県の指示を待っているわけにはいかない。自らの農地で、地域の仲間と復興計画をたてなければならない。チェルノブイリとは違う温帯モンスーンの日本の風土で、ふくしまの大地で、放射能と向き合い、汚染を検証し、軽減していくのだ。

六月には京都市の株式会社プレマ(健康食品・生活用品の販売)から二台のガイガーカウンターの支援を受け、農地八〇カ所の汚染マップを作成した(一〇月には一三〇カ所に拡大して作成)。放射能測定技術については、市民放射能測定所の指導を受けている。このほか、財団法人JKA(日本自転車振興会)のRING! RING! プロジェクトからは、SVO推進基金(ひまわりや菜種などの除染植物を植えて、油(ストレート・ベジタブルオイル)を燃料として利用)の助成を受けた。

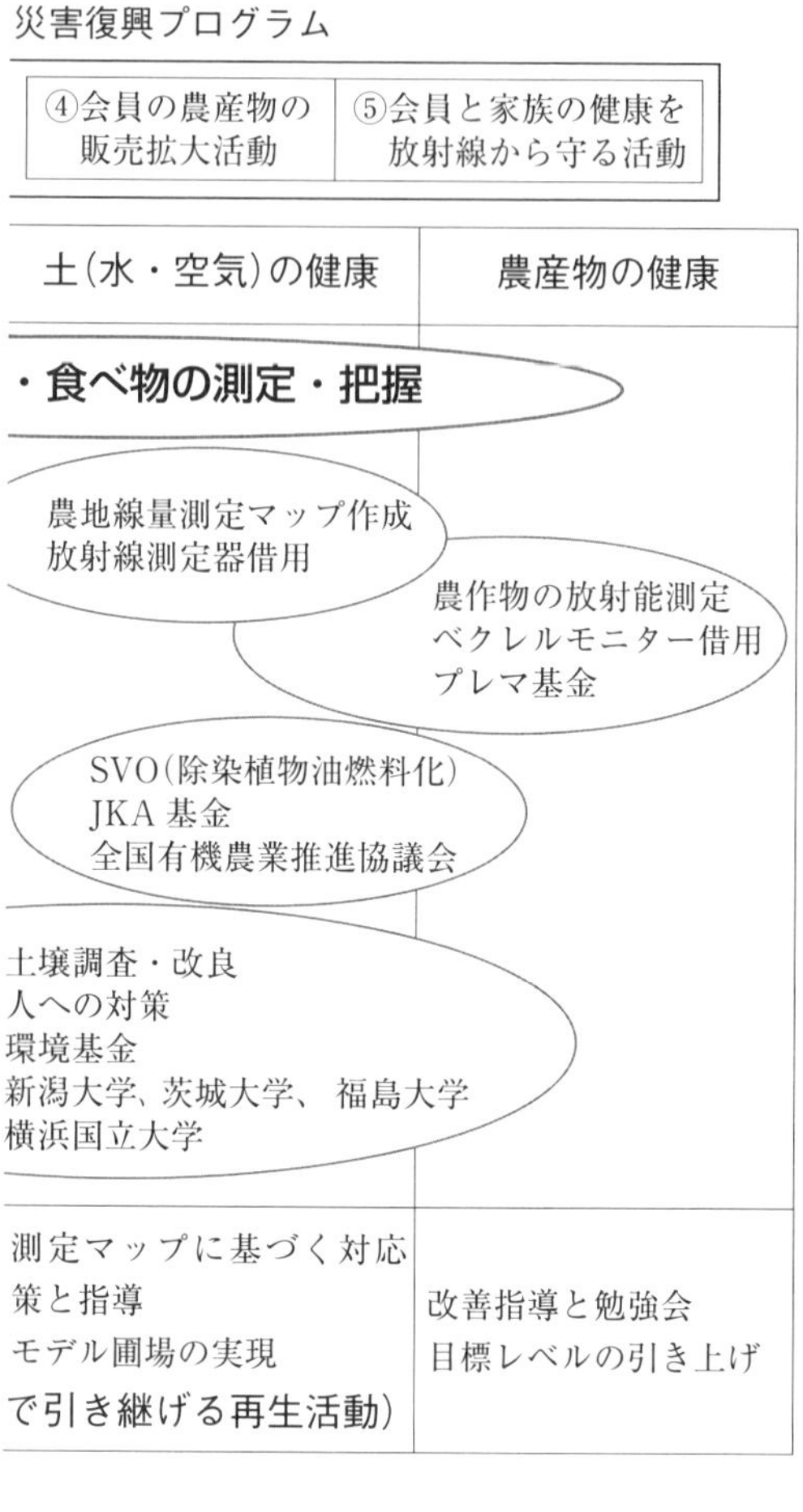


プレマの中川信男社長は四月から福島の支援に入り、「福島だけの問題ではない。私たちの問題です」と、すぐに販売に苦しむ特産の桑の実二トンを買い取っていただき、さらに七月には簡易ベクレルモニターを「いま必要なのは福島です」と届けていただいた（一一月には核種を測定するヨウ化ナトリウム蛍光検出器も提供）。うれしいかぎりだ。

図２　ゆうきの里東和　里山再生計画・

| | | |
|---|---|---|
| ①会員の損害賠償申請の支援活動 | ②会員の農産物の安全確認活動 | ③会員の生産圃場調査再生活動 |

| 段　　階 | 経営向上策 | ひとの健康 |
|---|---|---|
| 第一段階<br>スピード（即時活動）<br>３ヶ月間（６～８月） | ■運営面<br>節電（冷蔵庫の温度調節）<br>クールビズ（28 度設定）<br>営業時間短縮 | ひと・土・水<br>放射能と人の影響対応<br>・講演会<br>・ワークショップ |
| 第二段階<br>ペースメイク（基礎活動）<br>１年間（６～５月） | 販路開拓<br>東北産直市場<br>お台場合衆国<br>がんばっぺ二本松<br>がんばろう福島 | |
| 第三段階<br>グランドデザイン<br>（全体活動）<br>3 年間（～ 2013 年） | | 里山系列<br>＋地域・<br>三井物産<br>協力： |
| 第四段階<br>ロングラン（継続活動）<br>第三段階以降 30 年以上 | | 予防の徹底<br>チェック後の対応<br>賠償へのガイド<br>里山の再生（子孫の代ま |

さらに、六月・七月と日本有機農業学会の先生たちに何度も足を運んでいただき、三井物産環境基金の東日本大震災復興助成を活用した「ゆうきの里東和　里山再生計画・災害復興プログラム」が八月から本格的にスタートした。これは、前述の里山再生プロジェクトの延長として発足させたものである。

さまざまな支援物資や測定機器がいち早く届けられ、多くの助成を得られたことに、ゆうきの里東和のメンバーは大きく勇気づけられ、励まされた。全国の消費者団体・生産者団体・企業からの支援の声も、たくさん寄せられた。放射能汚染という厳しい状況のなかにあっても、これまで築き上げた関係を大切にして、取引を継続された方々に、この場を借りて心からお礼申し上げたい。

多くの協力を得てつくられた災害復興プログラムの柱は、①会員の損害賠償申請の支援活動、②会員の農産物の安全確認活動、③会員の生産圃場調査再生活動、④会員の農産物の販売拡大活動、⑤会員と家族の健康を放射線から守る活動である(図2)。

この五つの活動が、三カ月間・一年間・三年間・三〇年以上の四段階の時間軸のなかで計画されている。次の世代に引き継ぐという視野があるのが特徴のひとつだ。こうした長い視野での復興を見据えながら、まず二つの対策を実行した。ひとつは放射能に負けない営農対策、もうひとつは暮らしや健康への対策と心のケアである(七九〜八一ページ参照)。

## 6 暴走した原子力に対峙する農の営み

私は一九九一年から、標高六〇〇mの高原の畑を借りている。安達太良山から吾妻《あづま》山まで眺望でき、阿武隈山系の丸い山々がやさしく受けとめてくれ、流れる雲が手に届くような場所だ。私の農場「遊《ゆう》雲の里ファーム」の名前は、ここに由来している。

計画的避難区域に指定された川俣《かわまた》町山木屋《やまきや》地区に隣接するこの畑に例年どおり大根を作付けするかどうか、私は躊躇していた。支援を受けたガイガーカウンターで空間放射線量を測定すると、草の上で毎時一・五マイクロシーベルトと高い、悩んだ末、例年より一カ月遅れで七月下旬に草を刈り、げんき堆肥を入れ、トラクターで三回、約一五cmまで耕した。すると、毎時〇・七マイクロシーベルトまで下がったのだ。

「よし、これならいける」と直感し、八月に入って大根の種を播き、ぼかし肥料とカリ肥料を散布した。九月三〇日にこの大根を測定したところ、放射性セシウムの数値は一kgあたり一七ベクレル(資料1)。「土の力はすごい」とうれしくなった。

ゆうきの里東和では八月から、毎日一〇検体以上の野菜や果実の測定を続けている(検出限界は一kgあたり二〇ベクレル)。トマトやきゅうりやなすからは、放射性セシウムは検出されていない。

## 資料1　大根に含まれていた放射性セシウムの測定結果

人工ガンマ放出体による食品汚染の総計　　　　　市民放射能測定所　指導・協力
NPO 法人　ゆうきの里東和ふるさとづくり協議会

| | 数値 | 単位 |
|---|---|---|
| 測定場所・時間 | 二本松市太田字下田 2-3　道の駅東和／2011 年 9 月 30 日 | |

| | | |
|---|---|---|
| バックグラウンド測定時間 | 1 | Hour |
| バックグラウンド値 | 8.2 | CPS |
| 計測誤差(バックグラウンド) | 1 | % |
| 較正係数(Cs137 のみの場合) | 120 | Bq/cps/l |

1／測定に関する詳細

| | |
|---|---|
| 整理番号 | 9 |
| 食品の種類 | **大根** |
| 食品の状態 | 生 |
| 生産者(地域、名前、採取時間) | 二本松市太田[redacted]・菅野正寿・110930・13：27 |
| 測定時間 | 30 分 |
| 測定者 | 菊地良子 |
| (採取場所) | 戸沢字つばめ石 |

2／暫定結果 (1)

| | | |
|---|---|---|
| 暫定結果(1)<br>(スクリーンに表示された数値) | 17 | Bq/l |
| 計測誤差<br>(＋／－スクリーンに表示された数値) | 21 | Bq/l |
| サンプル：容積 | 500 | ml |
| サンプル：重量 | 313 | g |
| サンプル：密度 | 0.626 | g/ml |
| 0.5L を下回る場合の補正値(2) | 1.0 | |
| A 1／暫定結果(1) | 27 | Bq/kg |
| 1 1／暫定誤差(1) | 33 | Bq/kg |

| | | | | |
|---|---|---|---|---|
| 較正係数に関する注記 | | | | |
| 較正係数(Cs134 のみの場合) | 48 | Bq/cps/l | | |
| 較正係数(Cs134 と Cs137 が 1:1.2 の場合) | 74 | Bq/cps/l | | |
| Cs134:Cs137 が 1:1.2 の場合の較正補正 | 0.62 | | | |
| | 測定値 | 誤差値 | | |
| A2／補正試算値(セシウムの合計)(3) | **17** | ＋／－ | 21 | Bq/kg |

社)日本食品衛生協会では 50Bq/kg 以下を「ND(検出せず)」としています。

| | | | |
|---|---|---|---|
| 結果(誤差を含めた最大値) | Value below(<) | 37 | Bq/kg |

※1　ドイツ製 BERTHOLD TECHNOLOGIES 社　ベクレル・モニター LB200 ヨウ化ナトリウム・シンチレーター　25㎜×25㎜

※2　検出限界 20Bq/kg (放射性核種、カリウム 40 の影響が含まれます)

※3　この検査ではプルトニウムやストロンチウムを検出しません

私は大根畑の隣の耕作放棄地になっていた元牧草地四〇aを酪農家から二〇一一年に借り受け、プラウで二五㎝まで反転耕を試みた。表層を軽くトラクターで耕し、ガイガーカウンターで測定すると、毎時〇・六マイクロシーベルト。そこに九月下旬に菜種を播いた。六月に植えたひまわりとこの菜種から油を搾って天ぷらなどに使い、その廃食油を濾過して不純物を取り除いたSVO（ストレート・ベジタブルオイル）をトラクターの燃料に利用する予定だ。この仕組みは、私が卒業した農業者大学校の一〇年先輩で、日本の有機農業のリーダーの一人である金子美登《よしのり》さんから学んだ。

一〇月に入って、日本有機農業学会の先生に土壌に含まれる放射性セシウムを調べていただいた。その結果は、不耕起の表層五㎝では一kgあたり約一万七〇〇〇ベクレルとかなり高かったものの、三回耕耘した前述の大根畑は約四〇〇〇ベクレル、プラウ耕した畑ではさらにその四分の一の一〇〇〇ベクレルにまで下がったのである。その土は赤土の軽い粘土層だ。私はあらためて土のもつ懐の深さを感じた。こうした現象は、東和地区の水田でも新潟大学の野中昌法教授らの調査で明らかになっている（第2章参照）。

私は避難指示区域（警戒区域）や計画的避難区域となっている高濃度汚染地域は別にして、農地の除染という表現は好ましくないと考える。長年にわたって培ってきた表土を剥ぎ取るという行為は、先人たちの気の遠くなるような汗の結晶を剥ぎ取るに等しいからだ。むしろ、放射性セシウムを土中に管理する、埋め込んで農産物に移行させないという低減技術こそ、農民的技術ではないだろうか。放射性セシウムを原子力の鬼とするならば、土の力で塊にして埋葬する。土偏《へん》に鬼と書いて塊と読むではないか。

私が生まれた一九五〇年代までは、牛を使って犂《すき》で耕してきた。「土中に酸素を送り込む役割がある」と祖父から教えられたものだ。ゆうきの里東和の年配の生産者からは、「炭を撒いてはどうか」「籾殻もいいのではないか」との声もある。こうした農民の長年の営みのなかに、再生の光があると思う。どんな近代科学の技術をもっても手に負えない原子力の暴走に対峙する道は、地域の資源を活かす農の道ではないか。原子力に対峙する、この自然の治癒力を信じたい。

有機農業者にとって大切な落ち葉も堆肥もわらも汚染されてしまったが、地域資源のなかに、粘土質と有機質の複合体の力と農民的技術のなかに、放射能に勝つ力があると信じていきたい。私が八〇歳を超えるまで、この放射能と闘わなければならないのだから。

## 7 人とのつながり、地域コミュニティの再生

ゆうきの里東和では、中山間地域等直接支払事業東和地区推進協議会に呼びかけて農地

の放射能汚染マップづくりに取り組んだ。支援を受けたガイガーカウンター一〇台を四〇集落に貸し出して、約一〇〇mメッシュで地表面と地表から一m地点の田畑の空間放射線量を測定したのである。

私の集落では正月早々に、一七ha、一〇〇カ所を二日間かけて測定した。結果は毎時平均〇・六～一・〇マイクロシーベルトだったが、耕作放棄地や山に囲まれた場所では一・五マイクロシーベルトを超えたところもある。空間放射線量が高いところは土壌汚染度も高いので、汚染状況に応じた対策が必要となる。もちろん、今後は圃場ごとの土壌調査も必要だ。

東和は中山間地域で、湿田が多いし、石が多い地盤もある。だから、土質によって、また作物に応じて、プラウ耕をしたり、ゼオライト(鉱物の一種で、セシウムの吸着力が高いといわれる)などの資材を使用したり、堆肥の施用を検討しなければならない。

さらに、山林の汚染が高いことがわかってきたので、田植えや大雨のときに山からの水を通して放射能セシウムが水田に流れ込まないような対策が必要になる。二〇一二年は川の上流にある水田をビオトープにし、セシウムを吸着させて水をきれいにしたり、水田の水口《みなくち》(水が流入する入り口)にゼオライトを投与したり籾殻を敷き詰めたりして、吸着効果を検証したい。

原発事故の一カ月後から継続して耕し、作付けしてきた結果、米と野菜に含まれる放射性セシウムは九九%が一kgあたり一〇〇ベクレル以下だった。ただし、二〇一二年以降は、農作物への放射性セシウムの移行を限りなくゼロに近づけなければならない。そのためには、地域の地形や土質をよく知っている地域住民が主体となった実態調査と復興への取り組みが大切である。国と東京電力は、それに対する支援を早急に行うべきだ。

私たちは、山林の手入れも水路の管理も農道の管理も、地域住民が力を合わせて地域営農の力で行ってきた。ひとり暮らしのお年寄りを守るのも、近所の住民である。原発事故から一カ月半近く経った四月下旬に、私が暮らす布沢《ぬのざわ》集落で開いた集落営農組合の野菜作り講座では、女性を中心に三五名が集会所に集まった。私がトラクターで畑を耕していると、ある年配の男性が声をかけてきた。

「耕していいんだない。何を作ればいいんだい?」

「このじゃがいもを孫に食べさせられるかない?」と不安を訴えるお年寄りもいた。早速測定してみると、数値は低い。「よかったない」と胸をなでおろしていかれた。

私は大震災と原発事故以降、お年寄りも女性も共に力を合わせる地域営農の大切さをつくづく感じている。

地域の復興計画の主体は、国ではない。まして、大手ゼネコンが入って大規模農地整備を行えば、農地からお年寄りも女性も追い出される。そして、大量の農薬と化学肥料に依存した農業が進められれば、現在の放射能汚染に加えて農薬や硝酸態窒素の残留などで、健康へのリスクはかえって高まってしまうだろう。

津波と原発による大災害からの復興は、地域住民が主体となって進めなければならない。里山も農地も美しいふくしまを取り戻すのは、粘土と堆肥と有機質を活用した有機農業と地域営農の力である。

# 2 放射能はほとんど米に移行しなかった

## ――原発事故一年目の作付け結果と放射能対策

伊藤俊彦

### 1 未曾有の災害を越えて

三月一一日、あの忌まわしい大震災と原発事故から九カ月が過ぎました。

「ここから逃げる。逃げない。」

「この野菜を食べる。食べない。」

「窓を開ける。開けない。」

「洗濯物を外に干す。干さない。」

「孫たちと外で遊ぶ。遊ばない。」

こんな日がどれほど続いたことでしょうか。

当初は成す術もなく、何から手を付けて良いものやら戸惑うばかりの日々でしたが、みなさまからの心のこもったご好意や力強いメッセージを頂戴する度に、勇気づけられ、励まされ、一歩ずつですが前に向かって進む気力を取り戻すことができました。

これは、私たち稲田稲作研究会（以下「稲作研究会」）と株式会社ジェイラップをご支援いただいている「大地を守る会」の会員の皆さんへ、二〇一一年一二月にお届けしたお礼状の冒頭の一節である。

東日本大震災では、私たちが暮らす福島県須賀川市も過去に経験のないレベルの地震に見舞われた。市の西部にあるダム湖・藤沼湖の決壊によって七名が亡くなり、いまなお一名が行方不明で、復旧の見込みは立たない。稲作研究会の米を預かるジェイラップの社屋・事務所部分も、傾いたままだ。そして、東京電力福島第一原子力発電所の事故と放射能の被害は、この中通りにも深刻な影響をもたらした。

しかも、地震によって農業用水路が破壊され、二〇一一年の稲の作付けは深い苦悩と不安からスタートすることになる。だが、仲間がいるというのは、本当にうれしいことだ。

「水がなくて田植えができなければ、来年の肥やしにしよう」

「百姓が種を播かなかったら、百姓じゃない！」

みんなでそう励まし合い、苗作りに入る。行政による土壌検査でも、研究会メンバーの田んぼはすべて作付けが認められた。

しかし、いざ田植えが始まってみると、この優良な稲作地帯においても、耕作放棄地があちこちに目立つ。稲作研究会メンバーは余った苗を集め、「苗があるかぎり、耕作放棄の田んぼを借りて米を作ろう」と頑張った。田植えを終えてみると、稲作研究会が作付けた面積は前年以上となったのである。

## 2 手探りの放射能対策——やれるかぎり手を尽くす

私たちがもっとも怖れたのは、米の放射能汚染である。さまざまな情報を集めたが、明確な対策は定まっておらず、すべてが手探りだった。だが、何もしなければ後悔する。「とにかく、放射性物質の米への移行を最大限抑止する。そのために、やれるかぎりの手を尽くそう」

六月に入って、カリウムの施用が稲への放射性セシウム移行を抑制するかもしれないという情報を得る。早速、稲作研究会の機動力を駆使して、後述するようにすべての田んぼにケイ酸カリウムを散布した。結果として、これが予想以上の効果を上げる。カリウム養分たっぷりの田んぼは、みごとに稲のセシウム吸収を抑えてくれたのだ。

実りの秋を迎えると、稲の汚染傾向を調べ上げた。その分析から放射性セシウム移行の

表1　341枚の田んぼの玄米から検出された放射性セシウム

| ベクレル／kg | 1未満 | 1～5未満 | 5～10未満 | 10～15未満 | 15～20未満 | 計 |
|---|---|---|---|---|---|---|
| 検体数 | 136 | 104 | 85 | 13 | 3 | 341 |
| 割合(%) | 39.9 | 30.5 | 24.9 | 3.8 | 0.9 | 100 |

(注)10ベクレル未満のデータは参考値とする。

仕組みを解明し、翌年以降の稲作の指針をつくろうと考えたからである。私たちは稲作研究会会員すべての三四一枚・九七haの田んぼ一枚ごとに、土壌→稲ワラ→籾殻→玄米→米ぬか→胚芽→白米→炊飯のセシウム移行について詳細なデータをとることにした。それによって、確実に放射性物質ゼロを達成するための基礎がつくれるのではないか。

「本当にやり切れるのか」という疑問は不要。合い言葉は「やれるかぎり、やり切る！」。七月末には、大地を守る会から測定機ヨウ化ナトリウムガンマ線スペクトロメーター(蛍光検出器)が提供され、一気にフル稼働に入る(一二三ページ参照)。作業は大変だったが、一〇月末にはおよその結果が出た。以下はその概要報告である。

## ◆全圃場の玄米に含まれるセシウムの測定と全圃場マップの作成

表1に全圃場についての放射性セシウム測定の結果を示した。この測定では一kgあたり一〇ベクレルが検出下限値であり、それ以下は参考値としてごらんいただきたい。また、データの信頼性を確かめるために、五〇検体についてはゲルマニウム半導体検出器によるクロスチェックを

行った。その数値は、私たちの測定結果よりもやや低い。

検出下限値の一kgあたり一〇ベクレルを基準とすると、不検出(一〇ベクレル未満)は三二五検体、九五・三%、一〇ベクレル以上は一六検体、四・七%だった。それらもすべて二〇ベクレル未満である。また、白米の測定では、すべて一〇ベクレル未満(不検出)であった。

さらに、参考値ではあるが、一kgあたり一ベクレル未満は一三六検体で、参考値も含めた単純平均値は三・一ベクレルである。

これらの玄米測定データを圃場地区別に整理し直し、航空写真に記入したのが口絵図2である。赤が一kgあたり一〇ベクレル以上の玄米が産出された圃場のある地区で、二地区あった。見てわかるとおり、いずれも里山に隣接している。青が五〜一〇ベクレル地区で、おおむね里山に近い。

いずれもきわめて低い数値ではあるが、こうした地区では里山からの追加汚染も懸念される。今後の作付けにあたって、注意していきたいと考えている。

## ◆カリ肥料の施用

二〇一一年度の作付けでどのように汚染を減らすかを検討する過程で、参考になるデータを入手できた。チェルノブイリ原発事故後スウェーデン中部の森林生態系で、カリ肥料の施用によって、森林の低木やカビ類への放射性セシウム移行が抑制されたという報告である。それによると、事故六年後の一九九二年から、カリ肥料の単独施肥(一haあたり一〇〇kg)によるセシウム137の移行を一七年間にわたって測定し続けているという。その結果、低成長の多年生低木と四種の野生のカビについて、非施肥区に比べて大幅にセシウム含有量が低下した。

この報告は、カリ施肥による稲への放射性セシウム移行の抑制効果を示唆している。そこで、私たちもカリ肥料を追肥で施用することにした。稲の栄養周期上、カリ肥料の吸収がもっとも旺盛になるのは六月下旬〜七月上旬である。六月二四日〜七月五日に、全圃場に一〇aあたり六kgのケイ酸カリウムを施用した。

玄米に放射性セシウムがわずかしか移行しなかったのは、この効果が大きかったと考えている。トラクタにビーグルというアタッチメントをつけて散布したが、水田の角などに散布漏れの箇所が出てしまった。そうした地点の玄米からは、セシウムが若干高めに検出されているためである。

表２　精米と炊飯による放射性セシウム含有量の変化

| 玄米含有量（ベクレル／kg） | 白米含有量（ベクレル／kg） | 炊飯含有量（ベクレル／kg） |
|---|---|---|
| 20 | 6.0 | 3.0 |
| 10 | 3.0 | 1.5 |
| 5 | 1.5 | 0.75 |
| 3 | 0.9 | 0.45 |

### ◆精米と炊飯で放射性セシウムは一五％に減る

消費者の食卓での安全という視点から見れば、放射性セシウムの検査は、玄米だけでなく、白米や炊飯についても行われなければならない。そこで、精米や炊飯によるセシウム含有量の変化についても測定した。その結果を表２に示す。

おおまかに言えば、精米によって玄米中の放射性セシウムは七割除去され、さらに炊飯によってその約五割が除去されることがわかった。要するに、ご飯の状態では、玄米のセシウム濃度の約一五％に低減されるのである。食事による内部被爆量は、ここから推計されるべきであろう。

玄米を精米すると、品種や精米歩合、ぬか切れなどによって、放射性セシウムの白米への残存率に違いがあった。当社精米工場のデータでは白米への残存率は三〇％以下であり、四〇％程度とする定説を下回っていた。

炊飯する際は、白米におよそ同量の水を加えるので、質量は約二倍になり、炊飯への残存率は半分になる。これは玄米においても同様である。つまり、実際に食べるときに残る放射性セシウムは一五％程度にまで減る。また、チェルノブイリ原発事故後の主食の汚染

表3　水田における放射性物質分布

| 圃場NO | 採取日 | 0～5cm（ベクレル/kg） | | | 5～10cm（ベクレル/kg） | | | 10～15cm（ベクレル/kg） | | | 平均値 |
|---|---|---|---|---|---|---|---|---|---|---|---|
| | | セシウム137 | セシウム134 | 計 | セシウム137 | セシウム134 | 計 | セシウム137 | セシウム134 | 計 | |
| 53 | 8/16 | 866.0 | 681.8 | 1,547.8 | 851.6 | 488.5 | 1,340.1 | 344.1 | 269.9 | 614.0 | 1,167.3 |
| 54 | 8/23 | 919.2 | 780.3 | 1,699.5 | 525.0 | 448.4 | 973.4 | 370.7 | 300.1 | 670.8 | 1,114.6 |
| 55 | 8/26 | 1467.8 | 1083.6 | 2,551.4 | 804.0 | 629.8 | 1,433.8 | 43.7 | 40.7 | 84.4 | 1,356.5 |
| 56 | 8/26 | 1070.2 | 820.6 | 1,890.8 | 566.5 | 454.7 | 1,021.2 | 116.0 | 85.9 | 201.9 | 1,038.0 |
| 平均 | | | | 1,922.4 | | | 1,192.1 | | | 392.8 | 1,212.8 |
| 対比 | | | | 100% | | | 62.0% | | | 20.4% | |
| 構成 | | | | 54.8% | | | 34.0% | | | 11.2% | |

度と比較する場合は、小麦と稲ではなく、パンとご飯で判断するのが正しい。

## 3 今後の作付けに得られた示唆

二〇一一年の作付けは、原発事故による大混乱のなかで進められた。農業者たちはそれぞれ努力したが、なおいろいろな事情で作付けできなかった田んぼもある。また、耕作放棄された田んぼもかなりある。二〇一二年は、これらの田んぼの作付けにも挑戦したい。

ただし、耕作しなかった田んぼの地表の空間放射線量は毎時二マイクロシーベルトを超えており、相当に高い。二〇一一年に耕作した田んぼのケースでは、土壌中の放射性セシウムは〇～五cmに五五%、五～一〇cmに三四%が分布していた（表3）。

表４　遊休水田における空間放射線量の変化

単位：マイクロシーベルト／時

| 圃場No. | 耕起前 | | | 浅耕起後（10cm未満） | | | 反転耕後（20～25cm） | | |
|---|---|---|---|---|---|---|---|---|---|
| | 月　日 | 地表 | 空中 | 月　日 | 地表 | 空中 | 月　日 | 地表 | 空中 |
| 430-074 | 11月18日 | 2.12 | 1.77 | 11月24日 | 1.70 | 1.40 | 11月24日 | 0.79 | 0.85 |
| 430-075 | 11月18日 | 2.19 | 1.86 | 11月24日 | 1.72 | 1.46 | 11月24日 | 0.73 | 0.80 |
| 430-076 | 11月18日 | 2.06 | 1.93 | 11月24日 | 1.70 | 1.33 | 11月24日 | 0.58 | 0.65 |
| 平均線量 | | 2.12 | 1.85 | | 1.71 | 1.40 | | 0.70 | 0.77 |
| 線量変化 | | 100% | 100% | | 80.7% | 75.7% | | 33.0% | 41.6% |

そこで、二〇一二年はそれらの田んぼでプラウによる反転耕を行い、地表一〇cmまでの土を一五～二五cmに反転し、埋め込むことを考えている。二〇一一年一一月に遊休水田でその実験を行ったところ、表４に示すように、地表二〇～二五cmの空間放射線量は三分の一に減少した。ほぼ予測どおりの結果である。

私たちがプラウによる反転耕を重視するのは、前年の耕耘で土壌に混和され、粘土などに吸着されたセシウムが、代掻きによって表層に浮き上がってくることを心配しているからである。前年の作土をビーカーに入れ、よく攪拌して沈殿させると、土壌粒子の大きさや比重によって沈殿速度が異なり、セシウムを吸着した微粒子の粘土は最後に表層に沈殿する。また、沈降が遅い微粒子の粘土が濁り水中に残り、セシウム濃度が高くなる。したがって、代掻きの方法について十分に注意していこうと考えている。

原発事故による放射性セシウム汚染と被曝は、本当にとんでもない事態であり、強い憤りがこみ上げてくる。それでも、二〇一一年の取り組みを振り返れば、いくつかの有効な方策が見えてきた。今後はセシウム汚染に負けず、さらに前に進めると確信している。幸い、消費者の支援もいただける見通しだ。これまでの生産者と消費者の顔の見える提携関係の蓄積がここにも現れていると実感する。

さまざまな技術を駆使し、土の力を引き出し、すべての収穫米のゼロベクレルをめざして頑張りたい。

# 3 土の力が私たちの道を拓いた

## ――耕すことで見つけだした希望

飯塚里恵子

### 1 私たちはこの春を前向きに迎えられた――現場からの証言

以下は、福島県二本松市東和地区で災害復興プログラムに取り組んでいるNPO法人ゆうきの里東和ふるさとづくり協議会(以下「協議会」)の主要メンバー三名のインタビュー(二〇一二年一月七日)である。

◆「今春の作付けは希望をもって迎えられる」(大野《おおの》達弘《たつひろ》理事長)

――東京電力福島第一原子力発電所の事故から約一年が経ちます。協議会では二〇一二年度の作付け準備が始まっていますが、理事長は事故後の作付け二年目に向けて、どのようにお考えでしょうか。

なによりも、希望をもって今年の作付けを迎えられることを喜んでいます。去年の春は、「作ってみて、売れなかったら補償してもらうしかない」と言う人が多かった。でも、今年の春は、自分たちの農地を自分たちで測定し、状況を判断してから作付けしようという雰囲気になっています。しかも、原発事故後にもかかわらず、東和に来て農業をやりたいという人がいるんです。この春からも二人が来たいと言っています。東和で暮らしたいという人を支援していくことでも、この地域の前向きな方向性をだしていきたいと考えています。

大野達弘理事長

──事故後の一年間を振り返ってみて、協議会、あるいは東和の地域がどのような様子だったのかを教えてください。

初めは、どうしたらいいのか、みんなまったくわからず、はたして農業を継続できるのかが最大の心配ごとでもありました。そういう状況のなかで、協議会の会員みんなで寄り添いながら一年間を過ごせたということが、とてもよかったと思います。私たちはここで暮らし続けていきたいんだ、という基本をぶれることなくやってこられました。ここで暮らし続けることを基本にして、そのためにはこの地域、農産物、食卓の放射能汚染状況をきちんと判断しようという姿勢です。その点では、他のところよりもいち早く測定運動を開始して、自分たちの状況が見えてきたということが、今日の自信につながっています。

結果として、東和の農産物からは深刻な値の放射能はほとんど検出されませんでした。野菜に関しては値がだんだんと下がっていく傾向を示しているようですし、土壌から野菜への移行率は当初心配していたよりもはるかに少ないということがわかっています。土壌についても従来のように、地域由来の資源を活用した有機質を入れる、深く耕すということをきちんとやれば、この春の作付けも可能であるという見通しを立てつつあります。新年を迎えたいま、作付けのための具体的な対策を立てようという想いにある。これはすごいことだと思います。つくづく土の力を実感します。

——具体的にはどのような経過だったのでしょうか。

事故直後の二〇一一年春の作付けをめぐる生産者会議では、会員による激論が続きました。その後もことあるごとに集まり、作付けをしてよいのか、作付けしたものが売れるのか、作付けしたものを食べてもよいのか、さんざん話し合ってきました。

そんな激論状態のなかで、四月ごろから取引先の団体や企業、あるいは研究者など外部の方々が来てくださり、そのことが私たちの想いを具体化させてくれます。五月初めには日本有機農業学会有志の研究者たちが視察に来られて、土壌をきちんと測定して耕すべきだ、と強く助言してくれたんです。私たちはこの助言に励まされ、協議会という組織として、測定運動に一から取り組み始めることができました。その後も継続して研究者の方々と調査をするなかで、協議会のなかでも徐々に意思統一ができてきています。

測定機材は取引先の京都のプレマさん、続いてカタログハウスさんから支援していただきました。たとえば国の支援を待っていると、行動が遅くなってしまうんですよね。そういう点では、企業や市民団体からいち早く協力と支援をいただき、迅速に測定へ取りかかれたことを本当に感謝しています。

問題はまだまだ多いかとは思いますが、一つひとつに対策を立てていきながら、幅広い人たちの参加がある取り組みを続けたいと思っているところです。こういうことは一人や二人でできることではないんですよね。地域のことはみんなでやっていきたいと思います。それぞれの人が自分の経営ばかりを追求し、個人の腹が痛まないようにだけしてきていたら、地域は成り立たないと思います。みんなで「何をやっぺか」というような検討をしていく場のひとつが、この協議会なんです。

### ◆「みんなの気持ちがまとまってきました」（武藤正敏《むとうまさとし》事務局長）

――武藤さんは事務局のリーダーとして、災害復興プログラム（四四～四六ページ参照）の現場指揮を務めてこられたわけですが、大変なことも多かったと思います。この一年を振り返ってみて、いかがだったでしょうか。

原発事故という大変な事態が起きたのですが、本当のところ具体的に何が起きているのかはわかりませんでした。事態が刻々と進むなかで、何をどうしたらいいのかわからないという混乱したところから始まったというのが実情です。

武藤正敏事務局長

でも、このような事態の深刻さのなかでも、協議会ではみんなの気持ちがだんだんとひとつにまとまっていった。具体的には、自分たちの地域の状況を見ることが必要だろうという共通認識になっていき、だったら自分たちで測定しようと、六月に災害復興プログラムを立ち上げました。会議を重ねて、六月末ごろにはみんなの心もすわっていきます。

当時、福島県は高線量地帯の農産物しか測定していなかったので、東和に参考になるデータがなく、食べていいのかもわかりません。そのころは、避難するかしないか、食べるか食べないかという話ばかりしていましたね。同時に、気持ちの問題をどう整理するのかという話を多くしてきました。いまは、そういう意味ではだいぶ楽になりましたね。不安は簡単には消えておりませんが、みんなでやっていこうというふうになれました。

協議会で運営している道の駅ふくしま東和（以下「道の駅」）の直売所は、地元農産物だけを置くということを徹底してきたわけですが、事故後もそれをやり通すことができました。おかげさまで、売り上げは通常の八割程度にまで回復してきています。なによりもうれしいのは、直売所に出荷している会員約一五〇人の半数を占めるお年寄りの方々が元気に農業を続けられ、出荷を続けてくれていることです。

――武藤さんは測定運動でも先頭に立ってこられたとうかがっていますが。

測定に際しては、機器を調達し、使い方を覚え、測定し、データを整理するという一連の作業が重要な課題です。このプロセスで多くの研究者の方々が継続的なご協力をしてくださり、また実務を担当しているうちのスタッフは朝晩を徹して、休みもなく頑張ってくれました。

測定機器については、プレマさんが震災直後にいち早く来てくださり、これまでに簡易ベクレルモニターとヨウ化ナトリウム蛍光検出器を各一台、ガイガーカウンター一〇台を貸してくださっています。カタログハウスさんからも、ヨウ化ナトリウム蛍光検出器を一台いただいています。各団体からの支援の声も、たくさんよせられました。多くの支えに励まされたから、ここまでこられたんです。

屋外での測定は私も参加しました。測ってみると、田畑の平均で毎時〇・九八マイクロシーベルト（二〇七地点、地表一cm測定）です。いわゆる高濃度汚染地域に比べると、空間放射線量が低いということが徐々にわかってきました。これが第一回目の測定で、六月下旬から七月上旬にかけて行っています。

ガイガーカウンターを地表１cmの位置にあて、空間放射線量を測定

さらに三カ月後の一〇月下旬から一一月初めにかけて同じ場所を測ってみたら、平均毎時〇・七〇マイクロシーベルト（一三二地点、地表一cm測定）に下がっておりました。さらに言えば、耕した田畑のほうが耕していない田畑に比べて空間放射線量もベクレル数（放射性セシウム含有量）も低くなるということがわかりました。自分で実際に測定をしてきたことで、実感として土の力の素晴らしさを感じましたね。

一方で、里山の空間放射線量は農地や住宅地に比べると高いということもわかりました。空間放射線量測定はまず農地を中心に始め、九月下旬から里山を測りだしていきます。農地と比べて高かったことには、とても驚きました。

事故がなければ、土についてや、農産物の安全・安心とかは、自分たちで作って食べていながらも、立ち止まって考えることはあまりありませんでした。今回初めて、私たちが長年有機農業を主体として手を加えてきた土がいかに大切なものなのか、ということを知ることができたと考えています。

こうして土の汚染状況がはっきりし、空間放射線量もわかり、農産物にはほとんど移行していないということが実証されてきた。そこで、本当に内部被曝はないのか心配をされていた協議会会員の方々で、一一月上旬に食事の測定をしました。すると、一六家族中五家族は〇ベクレルでした。

新たな年を迎えて、いま東和では集落ごとに空間放射線量測定が動き出しているところです。中山間地域直接支払事業に取り組んでいる協定集落が四六あるので、そこにお願いをしました。現時点では二〇団体(二〇一二年二月一日時点)の協力を得て、田んぼごとの空間放射線量測定を進めています。

## ◆「お母さんたちの心の苦しみをみんなで語りあえた」（菅野和泉《すげのいずみ》理事）

——ひと・まち・環境づくり委員会チーフの和泉さんは、災害復興プログラムのなかで、暮らしや健康、心の再建に関わる取り組みのリーダーのひとりとして活動されてこられました。この一年を振り返って、どんなことをお考えですか。

放射能による被害がどの程度かは、いまでもよくは実感できません。ただ、被害のなかで、とくに家庭をあずかるお母さんたちの心の苦しみはものすごく大きかったことを、あらためて思い返します。この心の苦しみが一番の問題だと思います。

菅野和泉さん

家庭に責任をもつお母さんたちは、この事態に直面して、誰にも相談できず悩んだ時期もありました。協議会での測定が進んで、夏に地域のお母さんたちが集まったとき、初めて心のうちを語り合うことができたんです。みんなかなり切羽詰まっているんだなと、このとき初めて知りました。

私たちは三月に浪江町の方々を受け入れました。最終的には、東和で三〇〇〇人（浪江町役場への聞き取りによる。三月一六日～四月八日までの一六カ所の避難所の集計）を受け入

ご当地グルメ「浪江焼きそば」が復活。道の駅で避難所の浪江町民にふるまった

れたそうです。三月一五日の夜やむをえず避難してきた浪江町の人たちは、すべてを失い、あるいは置いてきていました。突然の受け入れで私たちも困惑していたし、その後に始まる放射能汚染での苦悩は、このときは予測できていません。

四月には、浪江町の皆さんを励ますために、「浪江焼きそば」を復活させるイベントを道の駅で行いました。そこで久しぶりの再会を果たす方もいたりして、とても喜んでくださいました。私たちもうれしかったです。

浪江の人たちの受け入れが落ち着いてくると、春を迎えて種を播く時期になっていました。でも、四月は放射能のことが何もわからなかったじゃないですか。だから、みんなどうしたらいいのかわかりませんでした。ただ、お年寄りたちはいつものように自然に畑に行って、農作業をしたいと思っていました。危険とか危険ではないとかいうことではないのです。春になったから畑に出る、耕す、種を播く。当たり前なのです。私はいつものように畑へ行く両親を止めることはできないと思いました。

だけど、今度は、できた野菜を孫に食べさせても大丈夫なのだろうかという心配がでてきました。これは、地域のなかでもとても大きな問題になったんです。そのとき、協議会では力強く「作ってもいいんだ」と言い、また農産物の放射能測定をして、その値を見て、「食べさせて大丈夫だ」と言ってくれました。それがお年寄りたちにはとても心強かったでしょう。

東和でも、他の場所へ避難した方はおられます。でも、暮らし続けてきたこの地から離れるわけにはいかないという気持ちが、私はとても強くありました。振り返ってみても、そういう気持ちでここまできたことはよかったと思っています。

この一年間、私たちは災害復興プログラムの取り組みとして、暮らし・健康・心の再建に向けた活動をしてきました。協議会のなかに「ひと・まち・環境づくり委員会」という組織があります。そこで、さまざまな座談会や講演会やワークショップを企画し、開催してきました。

幸いなことに、協議会ではずいぶんいろいろな専門家の先生方のお話をうかがうことができました。放射線医学に詳しい方、大学農学部の先生、市民研究所の方などです。私も毎日のように、教えられることばかりでした。それがとても大事で、よかった。地域の仲間とも、いままでにない深い話ができたと思います。

二年目の今年は、この地で暮らす人たちの心が通じ合う話し合いや勉強会、行事に取り組んでいきたい。今回のことは、私たちの暮らし、とくに体の健康や心に大きく関わっています。ますますむずかしいこともあるかとは思いますが、二年目も前向きにいきますよ。

## 2 放射能汚染との闘い

災害復興プログラムの当面の焦点は、放射能に負けない営農対策と、暮らしや健康、心への対策である。ここでは前者について紹介し、後者は3で述べることにする。

### ◆現場から積み上げた測定運動

営農対策としての中心的な活動は測定運動であり、農地・里山・農産物・食事のそれぞれのデータを蓄積してきた。測定に際しては専属の協議会職員がつき、測定技術の統一を図っている。

農産物測定については、簡易ベクレルモニターが導入された八月から協議会の海老沢誠さんが分析代表となった。そして、市民放射能測定所の指導を得て努力を続け、専門家に引けをとらないまで測定技術を向上させていく。

海老沢さんは東和に多い移住者のひとりである。大阪で育ち、大学で工学を学んだ後に大手電機メーカーで商品開発の仕事に就く。東和の自然の美しさに魅せられて移住してきたのは、二〇〇七年九月だ。「とにかく東和の空気がよかった」と語る彼は、自然と農にふれながら道の駅の職員として働き、おもに企画部門で力を発揮してきた。

図1　東和地区の空間放射線量測定結果

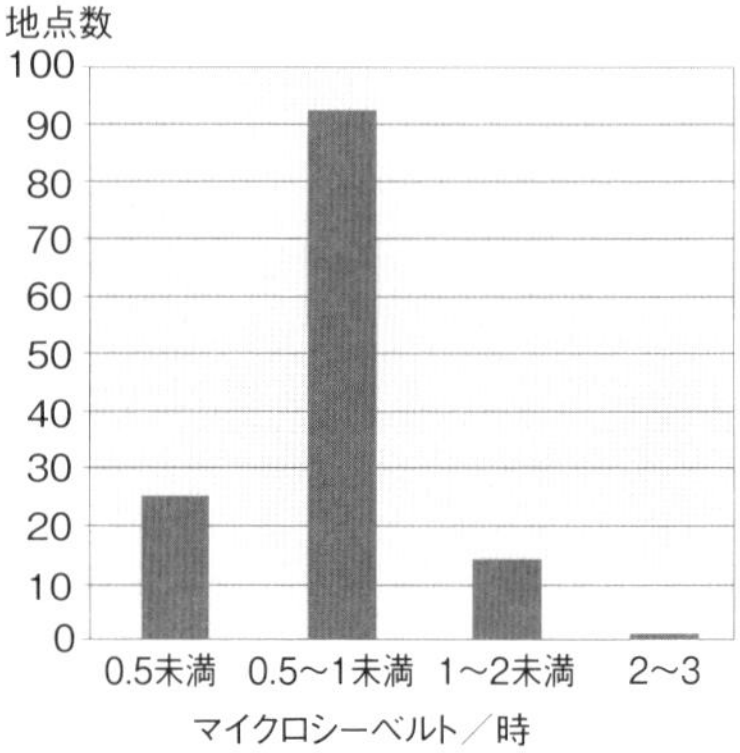


(注)ガイガーカウンターによる地表1cmの計測。

図1は、協議会で二〇一一年一〇月二五・二六日と一一月一日に行った、一三二地点の農地の空間放射線量測定結果の分布である。これを見るとわかるように、毎時〇・五〜一マイクロシーベル

トの地点が約七割を占めている。この数値は地表一㎝のものであり、行政の標準となっている地表一mで測れば、三分の一程度にまで値は下がるという。そうなると、大半が〇・一五〜〇・三マイクロシーベルトとなり、福島県では中・低レベルの汚染地帯と言えるだろう。

表1　協議会会員の野菜(イモ・豆類を含む)に含まれる放射性物質の測定結果

| ベクレル/kg | 100以下 | 100〜200 | 200以上 | 計 |
|---|---|---|---|---|
| 点数 | 620 | 27 | 3 | 650 |
| 割合(%) | 95.4 | 4.2 | 0.5 | 100 |

(注)使用機材は簡易ベクレルモニターLB200。測定時間は30分間。

表1は、協議会が二〇一一年七月二九日〜一二月六日に行った、六五〇の野菜に含まれる放射性物質の測定結果である。協議会会員農家の野菜については、一〇〇ベクレル以下が九五%を占めていることがわかる(この値には自然に存在する放射性物質カリウム四〇も含まれている)。なお、一二月からは協議会会員以外の農家の農産物も、ヨウ化ナトリウム蛍光検出器を使って有料で測定を始めた。

現在では、この測定運動はより分析的な段階へ移行しつつあり、積み重ねてきたデータの解析が協力研究者のもとに進められている(第2章参照)。

### ◆新規就農者からお年寄りまで

東和では養蚕衰退後に、お年寄りを中心に有機農業による野菜作りが進んだ。お年寄りが地域の一員としていきいき生きる道として有機農業が意識的に位置づけられている点が、大きな特徴である。有機農業は同時に、移住者の新規就農の場、循環型地域経済の構築、そして地域の暮らしの再建の拠点としても、位置づけられている。

協議会では移住者のための窓口を設け、農業研修を行ってきた。原発事故前の時点では一六組二〇名が定住し、現在もほぼ全員が定着している。原発事故後も、新たな研修生や移住者の波が途絶えることはない。災害復興プログラムにも、さまざまな場面で彼らの関わりが見られる。

一九七一年生まれの関元弘《もとひろ》さんは、そうした移住者のひとりである。二〇〇五年に農水省を辞め、やはり農水省で働いていた妻奈央子《なおこ》さんとともに新規就農する。子どもが生まれ、有機農業の経営も軌道にのったとき、原発事故が起きた。関さんは奈央子さんと子どもを彼女の実家に避難させ、一時は農業を止めようかとも考えた。しかし、津波の被災や放射能汚染によって農業をしたくてもできない人がいることを考えると、負けていられるかという思いが強くなり、東和に残って復興やエネルギー自給に向けての活動を始めた。

「霞が関にいると国の計画や方針は分かるが、それが実際の農業とどう関係しているのか、さっぱり見えない。現場に近い所で物事を考えたい、携わりたいという気持ちはありました」

「規模拡大や機械化だけが、答えではないのだと実感した。現場の農家を見て、自分が実際に農業をしているイメージが初めて湧いてきた」

「食料やエネルギーの自給を柱に、この地で（都市消費者と）ともに生活をつくり直す方向を目指したい」

いまは家族三人での暮らしを取り戻している。

（『東京新聞』二〇一二年一月四日。カッコ内は筆者）

## 3 ひと・まち・環境づくり委員会による暮らし・健康・心の再建

### ◆気持ちをみんなで語り合う

東和の農家の多くは、原発事故直後の春も、いつものように土を耕し、種を播いた。その想いを現実的な展望としてつなげていくのが、協議会の災害復興プログラムである。その大きな活動は前述したように、放射能測定運動だった。測定データの客観的な数値は、会員の農家に安心感を与えていく。とはいえ、人の心を解きほぐすことは、そう簡単ではない。不安な気持ちは、残り続ける。

そこで、インタビューのなかでも説明したように、ひと・まち・環境づくり委員会が主体となって、暮らしの再建、状況に則してより端的に言えば、心の再建に向けた取り組みを進めていった。まず、委員会の委員を中心とした座談会を七月二六日と八月二八日に行う。そのうえで、自分たちで考えて判断するために専門家を呼んで話を聞こうと、一一月二七日と一二月一日に、会員向けの講演会を開催した。

このほか、一一月一二日には会員を中心にしてワークショップを行っている。とくにテーマは設けず、それぞれの想いや体験を語り合いましょうと呼びかけた。一六家族の食事の放射能測定は、このときに行っている。参加者に測りたい食事（単品も可）を持ってきてもらい、それぞれ二〇分間測定した。この測定で、〇ベクレルだった五家族以外の食事も想定していたよりかなり低い値であることがわかった。

さらに、その約一〇日後の一一月二三日には、ワークショップの参加者に声をかけて、小さなお茶会を開く。ここでは、より率直にみんなの気持ちを語り合えた。このお茶会で初めて自分の気持ちを素直にだせたと語る女性もいる。

「原発事故があってから、それまで絶対に私の言うことを聞いていた息子に、『畑に出るぞ』と言ったら、『どうせ食べられないんだから、買えばいいんだ。畑には出るな』と言われてしまいました。親孝行の息子がそう言ったんです。うちには生まれたばかりの孫がいます。だから、水は買って飲ませている。米はどうしようかと息子に聞いたら、『今年は作るのを止めてください』と言われたので、止めました」
彼女は、いつものように種を播きたかった。だが、小さな孫に危険かもしれないものを食べさせるわけにはいかない。このお茶会が開かれたころには、ほとんどの農産物に危険性がないことがほぼ明らかになってきてはいた。それでも、心の不安は簡単に解消されるものではない。彼女のなかには、まだぬぐいきれない不安が多く残っている。それでも、畑の管理だけはしておきたいと、徐々に畑に出るようになった。

東和の災害復興プログラムは、このような人びとの農への想いと真剣に向き合ってきたことが大きな特徴であり、成果である。ひと・まち・環境づくり委員会は、そのうえで暮らしや健康に関わる取り組みをしてきた。そこから見えてきたことは多い。

ひと・まち・環境づくり委員会の活動でもっとも重視したのは、みんなが自分の気持ちを素直に語り合うための場づくりである。最初の座談会で確認されたのは、行きつ戻りつの議論を、じっくり、何度も、みんなで繰り返していこうということだ。東和ではこの一年間、各委員会だけでなく、数多くの会議や集まりがもたれ、老若男女の区別なく、みんなで語り合い、議論し合ってきた。放射能の問題を自分だけの心にとどめず、地域で考え、現状を把握し、そしてみんなで耕したところに、東和が道を拓いていく可能性があったといえる。

## ◆自給的農の力強さと豊かさの実感

一年間の取り組みによって、農の再建とは自給の再建であるということが、かなりはっきりとした具体像として明らかになった。それを後押ししたのは、揺るぎない土への信頼に支えられたお年寄りたちである。

多くのお年寄りが春の知らせに体がうずき、畑に向かい、種を播いた。協議会では、そうしたお年寄りに励まされながら測定をしたのだ。測ってみれば、耕した土ほど空間放射線量も放射性セシウム含有量も低いという傾向が確認され、自給野菜を食べなかった若い人たちが少しずつ食べるようになってきた。先に紹介した新規就農者に代表されるように、お年寄りの農の心にふれて共感した若い世代は、地域に踏みとどまり、生活・家族・地域・農を守っていこうとしている。自給は世代をもつなぐ力をもっているということが、現実として見えてきた。

また、お年寄りによる道の駅の直売所への自給野菜の出荷は、地域の農を再建していった。自給を基礎とした復興過程のなかで、地域社会の役割が再びはっきりしてきている。自給は地域をもつなぐ力があるということなのだ。お年寄りによる自給の継続が、人びとの心を縦横につなげ、広げようとしている。その事実の発見は非常に大きな意味をもつ。

## ◆心が傷つき、不安になりながらも見つけだした希望

確かな数字としてはあげられないが、放射能の影響を心配して、小さな子どもをもつ若いお母さんたちが地域を離れるという現実が東和にもある。多くの家庭で、毎日のように話し合いがもたれた。それが一筋縄ではいかない深刻な、家族の心の分裂を伴う話し合いであったことは、想像にかたくない。

そして、もうひとつ深刻な悩みとなったのは、お年寄りが作った野菜を孫に食べさせてよいか躊躇せざるをえなかったことである。これまで家族のために一生懸命に野菜を作ってきたお年寄りにとって、これは本当に悲しい出来事だった。

しかし、協議会では、孫に自分の育てた野菜を食べさせたいというお年寄りの気持ちを大切にしたかった。だから、自分たちが作った野菜がどれほど汚染されているのかを確かめるために、自分たちで測定を始めたのである。測定運動は、商品としての農産物の安全性を確かめたいからというよりは、これまで行ってきた地域づくりの危機に直面して、地域を守るためにはどうしたらよいのかという観点で行われている。

その結果、客観的なデータによって、お年寄りが作った野菜の安全性が確かめられ、家族のわだかまりも少しずつほぐれつつある。測定によって、家族のなかに希望の芽が生まれてきた。

## 4 故郷の土に生きる

東和にとって二〇一一年は、原点を再確認する年となったと言えるかもしれない。以下は、二〇〇五年に協議会が設立されたときの「ゆうきの里東和宣言」の抜粋である。二七・二八ページでも紹介されているが、あえて再掲したい。

「わたしたちは『山の畑の桑の実を小籠に摘んだはまぼろしか…』と唄われた桑畑、麦畑、棚田の稲穂を赤とんぼが舞うふるさとの原風景を子供たちに伝えます。

わたしたちは平らな土地は一坪でも耕すという先人の哲学を受け継ぎ、自然との共生、新たな技、恵みを創造します。

わたしたちは心にやさしく、たくましく、生きる喜びと誇りと健康を協働の力で培います。

わたしたちは『君の自立、ぼくの自立がふるさとの自立』輝きとなる住民主体の地域再生の里づくりをすすめます。

わたしたちは歴史と文化の息づく環境を守り育て、人と人、人と自然の有機的な関係と顔の見える交流を通して、地域資源循環のふるさと『ゆうきの里東和』をここに宣言します」

東日本大震災による原発事故は、この宣言を根幹から揺るがした。だが、東和はみんなで放射能に立ち向かい、みごとにこの宣言を具体像へ結んでいこうとしている。

その大きな成果が、二〇一二年の春もまた田畑の作付けができるという希望を、みんなで見出したことである。原発事故から今日まで、東和の人びとはたくさんの不安や迷いをかかえて過ごしてきた。しかし、その日々は不安や迷いだけではなく、ともに放射能測定をし、ともに語り合うなかで、ともに地域を懸命につくりあげていく歩みともなったのである。

これは本当にすごいことだ。そして、その希望を導いたのが、故郷に生き、畑に種を播き続けてきたお年寄りであったことに、東和という地域の深さを感じずにはいられない。東和には、今日も明日も明後日も、これまでと同じように、故郷の土に生き、故郷の土を信じて耕す「わたしたち」がいる。

〈追記〉

災害復興プログラムの取り組みは、東和だけでなく、浪江町からの避難者、支援の声をあげた全国各地の人たち、縁あって協力した研究者などのものにもなっていく。東和に関わった全員が、大きな元気や勇気をもらった。この事実は、協議会がこれまで築き上げた魅力の証明にほかならない。

被災当事者だけでなく、みんながつながって笑顔になる。復興とはそういうことなのだろう。かく言う私も、もちろん東和に励まされたひとりである。最後に、東和から元気をもらった大勢のひとりとして、私のその後の小さな歩みをご報告しておきたい。


東和で家族の食事が別々になる問題が浮き彫りになりはじめたころ、私はその現実を悲しく思うと同時に、自分について振り返っていた。私の暮らし、私の地域の暮らしは、どうなのだろうと。

私の実家は、千葉県北東部の海辺にある旭市飯岡地区だ。東日本大震災では津波に襲われ、一三名の命が失われた。私の実家も海のほど近くにある。当日は家族と連絡がとれず、とても心配だった。津波がこなかったところでもひどい液状化が起き、二カ月ほどは多くの住民が避難所生活を余儀なくされた。その後、約二〇〇戸の仮設住宅が建つ。

故郷の人たちが困っている。何かできることはないだろうか。そう考えて、東和が農産物の測定を始めだした八月中旬、実家の畑を借りて、仮設住宅で暮らす八名の女性と一緒に自給菜園を始めた。その初日、彼女たちは炎天下のなか、裸足で畑の土を踏み、種を播いた。被災者は被災者として暮らしているわけではない。当たり前の人として暮らしている。その事実に私は気づかされた。

その秋、私は引っ越しを決めた。都市近郊のニュータウンから飯岡の田舎へ。故郷で、夫と幼い娘と三人で暮らし始めた。私はいま、故郷の大地とともに生きてみて、あらためて土に生きる生き方を深く考えているところだ。

振り返ってみれば、私自身も震災以前と以降とで別人のように変わった。実は、私は原発事故直後、原子炉爆発の危険を恐れ、娘をかかえて夫とともに彼の実家がある岡山県に避難している。初めて福島県に行くことになったときも、私の心にはどこかに躊躇があった。そんな私が何度も東和へ通い、そして自分の故郷で土とともに生きるようになった。それは、東和のみなさんから教えていただいた生き方である。

東和の災害復興プログラムは、遠くの地に住むひとりの人生をも大きく変えた。これからも、東和の関係性がたくさんの人たちの暮らしを変えていくだろう。東和の力はいま、全国に波及しつつあるのかもしれない。

# 4　土地から引き離された農民の苦悩
## ――根本洸一さんと杉内清繁さんの取り組み

石井圭一

### 1　集落で取り組む有機農業ができなくなった

根本洸一《こういち》さん（一九三七年生まれ）が有機農業に転換したのは一九九九年だ。以来、二〇一〇年まで南相馬市小高《おだか》区の水田四・五ha、畑二haで、有機米（一・二ha）、特別栽培米（一・二ha）、有機大豆（・六ha）、有機そば（〇・五ha）の栽培に打ち込んできた。畑ではおもに自家用の野菜を作る一方で、緑肥を植え、有機大豆の生産を増やす準備をしていたという。家も農地も東京電力福島第一原子力発電所から十数kmだから、半径二〇km圏内の避難指示区域（警戒区域）内になる。

なお、南相馬市は、①避難指示区域、②二〇km以遠だが、積算空間放射線量が二〇ミリシーベルトになるおそれがあり、一カ月をめどに避難を求める計画的避難区域、③緊急時避難準備区域（二〇～三〇km圏）、④避難指示などの対象とはならない三〇km圏外、に分かれている。

根本さんが生まれ育った旧小高町の桃内《ももうち》地区では、一六〇haにも及ぶ基盤整備が一九九六年に始まった。その間にブロックローテーションによる集団転作が計画され、二〇〇五年に集落で大豆転作組合が結成される。町役場や土地改良区では有機農業への否定的な声が多かったが、根本さんはそれを押し切った。有機の圃場は、毎年変更するわけにはいかない。ブロックローテーションからはずれるように、配置してもらった。

その後、二〇〇六年に有機農業推進法が成立する。南相馬市も一転して有機農業の振興をめざし、有機農業モデルタウン事業に取り組んだ。二〇〇九年三月にまとめた「農林水産振興プラン」では、安全性と経済性の高い持続可能な循環型農林水産業の推進の一環として、有機栽培の促進を位置づけた。周辺農家が有機農業を見る目も、大きく変わっていく。引き続く米価下落のなかで、価格が安定している有機米や有機大豆への関心を見せだしたのだ。

二〇一一年三月に福島県有機農業ネットワークの初代会長の務めを終えた根本さんは、集落の生産組合で三反ほどの農地を利用して、自分たちが食べる有機野菜の栽培を始めようとしていた。その矢先に起きたのが、東日本大震災と原発事故による放射能汚染である。集落の農家は根本さんを除けば兼業で、生産組合の担い手は六〇代が中心だ。それでも、丁寧な仕事をし、技術力は高い。そうした集落の人たちと一緒に行うはずだった有機農業ができなくなったのが、悔しくてたまらない。

根本さんは一九八二〜九一年に務めた農協理事をはじめ、土地改良区総代や農業委員を務めるなど、地域農業のいわば顔役であり、信頼も厚い。現在も、基盤整備事業の企画委員長や集落の営農改善組合長という肩書をもち、有機農業を地域に広げるうえで、またとない立場にある。

## 2 仮住まいでも耕し続ける

震災後は、会津若松市に住む仲間の有機農業者のもとで家族と一緒に約一カ月の避難生活を送った後、相馬市にある親せきの空き家(福島第一原発から三五km程度)に仮住まいできた。四月一八日には、有機米と特別栽培米あわせて一五〇袋、有機大豆二五袋(一袋は三〇kg)、そして、これから播く野菜や大豆の種を持ち出しに、自宅へ出向く。避難指示区域へ通じる道路では、警察による検問が行われていた。我が家に足を踏み入れるのに、罪人のような気分にさせられたという。その三日後、避難指示区域は災害対策基本法に基づく

「警戒区域」に定められ、立ち入りが禁止された。従わなければ、一〇万円以下の罰金か拘留措置が科される。

農業一筋に生きてきた根本さんは早速、かぼちゃ、トマト、キュウリ、ナスの種を播く。また、避難生活で世話になった会津若松市の仲間のもとへ、除草機を積み込んで手伝いに行った。「有機大豆の生産を始めたいから、教えてほしいと」いう声もかかる。長年かけてみがいた有機大豆作りのコツを伝える、願ってもない機会である。有機農業で広げた人とのつながりが、土とのふれあいに導いてくれた。とはいえ、これまで毎日、朝昼晩と通い続けた自分の田畑には近づけない。

七月に入ると、思うように農作業ができない根本さんを見かねて、息子さんが耕作されていない農地を見つけてくれた。仮住まいから七km、福島第一原発からは約四〇kmで、作り手を失って二年ほど荒れていた畑である。

とりあえず三畝(三a)借りて、すぐにトラクターで耕す。しばらくして、さらに五畝を借りた。トマトの苗が売られる季節は、すでに過ぎている。そこで、仮住まいの敷地に植えたトマトの幹を一節ずつ切り離して挿し木にし、耕したばかりの畑へ、一週間後に移植した。種を播いたキュウリ、カボチャ、枝豆、ナス、オクラ、モロヘイヤなどの夏野菜は上出来。大根、白菜、キャベツ、レタス、ほうれん草、小松菜、水菜、人参、ブロッコリー、ねぎ、玉ねぎといった秋野菜の出来ばえにも満足の様子だ。

家族で食べきれないほどの野菜は採れたが、一〇mの長さで作った畝ではすぐに作業が終わってしまう。秋野菜は、一五mに長くしてから播いた。野菜を隣近所に配ると、味の評判がよい。アブラナ科の野菜は秋の虫に弱く、とくに白菜やキャベツは無農薬ではむずかしい。それでも、ほぼ有機で栽培できている。虫除けにソルガムを植えて野菜の周囲を囲うなど、試行錯誤に余念はない。

以前は、野菜作りは自家菜園程度だった。いまもお金にするつもりはない。でも、食べる人がもっといれば、もっと作りたい。仮住まいの間は野菜を作り続けて、喜んでくれる人に配りたい。仮設住宅の知り合いにも持って行った。新しい年を迎え、これから陽が少しずつ長くなる。「陽が長くなると、体が自然に動き出すんだ」と言う。

貸主の農地は周辺にあわせて三反(三〇a)ほどある。その近所の人たちには「いつでも畑から採っていいよ」と言っているが、みんな遠慮がちだ。一緒に野菜を作れば、遠慮はいらないだろうし、作る面白さも一緒に分かち合いたい。

一〇月に入ると、集落の区長が住民交流会を企画した。仮設住宅に暮らすなど、散り散りになっていたが、総戸数四一戸のうち二四戸から出席があったという。根本さんにとっては、家や田畑のある集落に早く戻って、集落の人たちと有機農産物を一緒に育てられるのが待ち遠しい。

政府と東京電力は一二月一六日、原子炉内の水温が一〇〇度未満まで冷えて安定する「冷温停止状態」になったとして、事故の収束を宣言した。小高区は比較的線量が低く、「避難指示解除準備区域」の候補となっている。だが、仮に戻れたとしても、すぐに農作業に取りかかれるかどうかはわからない。

「仮住まいにいる間はこうして野菜を作り、仮設住宅に住む友人・知人や隣近所の人たちに配って、喜んでもらいたい。それにしても、原発はまったくとんでもないことを起こした。いまは当たり前の生活ができるのを望むだけだ」

## 3 二つの区域に分かれた耕作地

杉内清繁《きよしげ》さん(一九五〇年生まれ)の自宅(南相馬市原町区)は、福島第一原発から二一㎞。緊急時避難準備区域にあるが、警戒区域まで数百mだ。警戒区域内にも三・七haの耕作地があり、いまも近づけない。「チェルノブイリ原発事故のような地球規模の放射能汚染が、まさかこんな近くで起きるとは思わなかった」と言う。

三月一一日は余震が続き、不安のなかで二晩を自分の車中で過ごした。一三日午後、避難指示が出て、集落の住民は近くの中学校に避難する。そして、一四日の昼ごろ、ドーンという音を聞いた。原発が爆発したのではないか。

すぐに、一家で郡山市に逃げた。旗竿を使って風の向きを確認すると、強い西風、夕方からは海風。内陸にも汚染が広がることを覚悟した。

それからちょうど一カ月後の四月一四日。南相馬市水田農業推進協議会は、市内全域で稲の作付け見合わせを決めた。四つの区域に分かれる市内全域で、同等の補償を求めることがねらいだ。しかし、二〇一二年の作付けの見通しも、いまだに立っていない。

郡山市で二週間ほど過ごした後は、福島第一原発から約六〇㎞離れた宮城県亘理《わたり》町の親せきに世話になる。住民の避難後は空き巣が頻発していた。自宅は緊急時避難準備区域だから人の出入りが可能なので、なおさら気が安まらなかった。

杉内さんが農業を始めたのは一九七三年だ。慣行農業を続けた後、一九八五年に特別栽培に取り組み始めた。一九九三年に始まった大区画圃場整備事業で、地域の水田は〇・五～一haの大規模圃場に変わる。これをきっかけに、地域の担い手農業者たちが有限会社を設立し、稲―麦―大豆の効率的な地域一体の輪作体系を確立した。大規模で効率的な経営と農地利用は、行政も後押しする福島県内有数のモデル地区である。

だが、杉内さんはこうした生産体系は有機農業とはかけ離れていると感じ、有限会社に参加しなかった。二〇〇二年から本格的に有機農業に取り組み始める。周囲の営農スタイルと大きく異なる選択をした結果、当初は地域で孤立した。ラジコンヘリで撒かれる農薬の飛散リスクにもさらされてきたという。それでも、担い手農業者たちとトラブルを起こさないことをもっとも重視してきた。

水田面積は一〇ha。二〇一〇年には、三・七haで有機米、六・三haで特別栽培米を生産した。自宅に隣接したパイプハウスは、夏の大玉トマトと冬の春菊が中心だ。奥さんは水菜、ナス、キュウリ、チンゲン菜など多品目の野菜を作り、農協や知人が経営する直売所で販売していた。原発事故後「有機栽培はもうダメでしょ」という声も聞くが、なんとかはね返したいと考えている。

## 4 除染をめざして有機菜種を播く

杉内さんは五月七日、NPO法人民間稲作研究所(栃木県上三川《かみのかわ》町、稲葉光國代表)が宇都宮市で開いた「大豆・ひまわり・菜の花プロジェクト」の集いに参加した。搾った油に放射性セシウムは移行しないから、大豆、ひまわり、菜種を栽培し、農地の除染を行いつつ、応援してくれる消費者に油を買ってもらうプロジェクトだ。放射能に関する専門的な知識を吸収するとともに、いったん地域から離れてみる視点も必要だという思いを固め、参加を決心する。すぐに、栃木県下野《しもつけ》市に空き家を借りた。

栃木県内にも放射能に汚染された地域があり、同じ悩みをかかえた生産者が集まる。さまざまな情報を交換できるのが魅力だ。生産から販売・消費の段階まで、何をすべきか議論が尽きない。除染体系の確立に加えて、大豆、ヒマワリ、菜種の油をどう活用していくか。食用油やドレッシングのほか、化粧品、ディーゼル燃料などのアイデアが湧き上がった。油を軸に、南相馬市と栃木県の汚染地域の連携や地域復興を果たしたい。

南相馬の地を離れてみると、家屋や田畑、道路や公共施設の放射能汚染を前に、住民たちが意外に安閑としているように感じられる。毎時〇・三〜〇・四マイクロシーベルトと福島県内では高い数値ではないものの、側溝や雨どいでは局所的にその一〇倍にもなる観測地点がある。にもかかわらず、平然としているのだ。慣れてしまったのだろうか。

これから放射能汚染との長い付き合いが待っている。杉内さん自身は覚悟を決めているが、子どもたちの世代を考えると、いても立ってもいられない。プロジェクトへの参加を決めた当初は、除染によって地域を元どおりにしたいと強く願った。だが、それほど簡単ではないことも、だんだんわかってくる。追いつめられるときもあるが、日本中の人たちと一緒に今後のエネルギーや食料のあり方を考えていくことで救われる気がするという。

一〇月には、南相馬市内の有機農家五戸が、約一〇haの有機圃場に菜種を播いた。杉内さんも、自宅に近い一haに播いた。収穫用コンバインは民間稲作研究所から持ち込み、収穫した菜種も民間稲作研究所で搾油することになりそうだ。南相馬市に戻ると、補償問題が先に立って、前に向かってなかなか動き出せない。いろいろ模索するなかで、杉内さんは菜種の栽培に踏み出すことができたわけだ。

年が明けた二〇一二年一月七日には、会長を務める原町有機農業研究会のメンバーが、原町区の料理屋で新年会を行った。集まったのは一一人。震災後、全員で顔を合わせるのは初めてである。一人ひとりが近況を語り合った。津波で家屋が全壊したこと、原発事故直後の避難の様子、消防団の仕事、東京都江東区の高層団地での仮住まい……。全員が話し終えるころには、お開きの時間が近づいていたそうだ。

こんなときだからこそ、有機農業に取り組む意義を有機農業の仲間と確認したい。二〇一二年の稲の作付け見通しはまだ立たないけれど、三月には南相馬市に戻って地域農業の復興に尽くしたいというのが、杉内さんの強い思いである。

「原発事故による目に見えない放射能汚染を元に戻すためには、計り知れない時間がかかる。人の手に余る原子力開発を推し進めたことを、われわれみんなが強く反省せねばならない」

# 5 八五歳の老農は田んぼで放射能を抑え込んだ
## ——安川昭雄さんの取り組み

中島紀一

### 1 セシウムが田んぼは八七七七ベクレル、玄米は九七ベクレル

南相馬市の安川昭雄さんの田んぼの土壌は、二〇一一年四月、水稲の作付け前の放射能検査で八七七七ベクレルだった（一kgあたり。以下同じ）。そのころ水稲作付けの目安は五〇〇〇ベクレルとされていたから、この田んぼでの水稲作付けは無理というのが普通の判断だったろう。しかし、安川さんはそう考えなかった。

「これまで、いのちをかけて百姓をやってきた。原発事故があったからと言って、田んぼに稲を育てることもせず、半端なことで百姓を止めるわけにはいかない。自分が百姓を止めるのは、いのちが尽きるときだけだ」

これが老農・安川さんの強い思いだった。

五月、安川さんは周囲の心配を押し切って、七五aの所有水田すべてに稲を作付けた。一〇月には、みごとに実る。収穫した米の放射能は、玄米九六・六ベクレル、精米五三・八ベクレル。国が定めた米の暫定規制値は五〇〇ベクレル、二〇一二年四月に改訂されるとされている新基準値では一〇〇ベクレルである。安川さんの米は、精米で言えばその約半分であった。新基準値では、乳児用食品は五〇ベクレルとされる見通しだから、ほぼ乳児用食品基準並みの放射能値でもある。

玄米のベクレル数を作付け前の土壌ベクレル数で除した数値を移行係数とすると、〇・〇一一となる。国が当初想定した移行係数の上限値は〇・一とされていたから、移行係数という点でも国の想定の九分の一弱の低率に抑え込まれたということである。

素晴らしい土の力だったと言うほかはない。原発事故に直撃された浜通り地域における、目を見張るような結果だった。

山形県鶴岡市で有機農業を営む精農家の志藤正一さんが、収穫を目前にした安川さんの田んぼを視察し、その印象を次のように記している(読点を加えた)。

「二〇一一年九月二〇日、刈り取り前の安川さんのコシヒカリを見せていただいた。二枚の田んぼの内、一枚は手植え、一枚は自ら改良した播種器による直播栽培だそうである。

どちらの田んぼも、雨にぬれて生き生きと輝いていた。降り続いた雨のせいだと思うが田んぼには水が溜まっていて刈り取りがどうなるのか心配だったが、それでも稲は茎が太く、長い穂がよく実っている。葉色はすでに刈り取り期の色になっているが、下葉から生き生きしていて、疎植の稲の特徴がよく出ていて美しかった。

灌漑施設は止められており、用水の供給が無いので、井戸からの用水を確保したという。

安川さんの田んぼにたどり着くまで飯舘村、南相馬では、わずかに野菜は栽培されているところもあったが、田んぼに稲は作付されていなかった。一緒に回って案内していただいた二本松市東和地区の菅野正寿さんからは『この辺は全部田んぼなんです』と言われたが、目の前にあるのは草ぼうぼうの土地だけであり、そこが田んぼなのか、畑なのか、雑草地なのか、全く判別がつかないところが続いていた。それだけに安川さんの美しい稲を見て、やはり田んぼには稲を作るべきと思った。

少し早口で聞き取りにくい安川さんのお話だが、牛を飼い、堆肥を作り、機械を工夫し、努力を重ねてきた農への取り組みが、原発事故があったとしても、一瞬にして無に帰するようなことは死んでも許さないという思いが、心の声となって響いてくる気がした」

## 2 それでも有機稲作を止めなかった理由と気持ち

南相馬市では二〇一一年四月一四日に、市役所と農業団体が一一年度は水稲の作付けを行わないという方針を打ち出した。続いて、四月二〇日には農水省も、警戒区域と計画的避難区域だけでなく、緊急時避難準備区域においても水稲の作付けを控えるように指示を出した。だが、畑での野菜作、水田でも大豆など水稲以外の作付けはかまわない、水稲だけは作付けするなという。この方針は、農学的にも食品安全学的にも説明のつかないものだった。

二〇〇六年に有機農業推進法が制定され、それと呼応して福島県はいち早く県独自の有機農業推進施策を打ち出した。安川さんら南相馬市の有機農業グループの取り組みは、福島県における有力なモデルケースとして位置づけられる。南相馬市も有機農業推進に積極的で、県と市が連携して各種の誘導施策も導入されてきた。

安川さんの営農技術水準はきわめて高い。経験が豊富で、研究熱心でもあった。そこを見込まれて、福島県との連携で各種の技術実証試験にも取り組んできた。こうした経過もあって、安川さんには、自分の有機稲作は自分だけのものではないという強い思いが確立していく。自分の長い経験を活かして、仲間たちと研鑽し、できるかぎりの技術改良を進め、次の時代の有機稲作展開の礎となりたい。自分にはその責任がある、という信念である。

放射能汚染はまったく不本意な被害だが、それに挫けることなく、むしろそれだからこそ、田んぼには稲を作付けし、これまでの技術研究を継続し、放射能汚染の影響についてもしっかりと調べていきたい。安川さんは、そう強く思った。

国、福島県、南相馬市からの「水稲の作付けはするな」という方針に安川さんは納得せず、自分が所有する田んぼに水稲を作付けすること自体は法的に禁止できないはずだとの判断から、あえて作付けに踏み切ったのである。老農・安川さんの真摯な気持ちは、当初から明確だった。国、県、市は、安川さんのこうした行動の意味を、なぜ前向きに汲み取れなかったのだろうか。安川さんの有機農業での水稲作付けが非常に貴重な栽培実験として位置づけられることは、少し考えればすぐにわかることだ。なぜ、安川さんの意志を活かす配慮ができなかったのだろうか。

セシウム汚染に関しては、安川さんは被害者である。作付けして食用に適さない米が収穫されたとすれば、加害者の東京電力がそれを買い上げ、経済的に賠償すべきだというはっきりした被害者・加害者関係が、そこにはあるはずだ。さらに言えば、原発事故に関して、国には明確な加害者責任がある。当時、菅直人首相も国の責任を何度も明言していた。にもかかわらず、被害者である当事者とのていねいな協議をせず、国が「作付けするな」とだけ言い放つのは、あまりにも一方的ではなかったか。

　この地域の農業は、この一年、国の方針によって、水田水稲作だけでなく、ほぼすべてが休止してしまった。一年間農業から離れた多くの農家の営農意欲は、著しく減退したことだろう。今後の営農をあきらめた農家も少なくないと思われる。耕作放棄によって田畑は荒廃し、機械や施設も傷んだ。耕すことによる土の力も発揮されなかった。東電からの補償は手にできたようだが、地域の営農体制は衰退の方向へと向かい、営農による放射能対策も進まなかったのは、明瞭な事実だろう。

　結果として、安川さんが収穫した米は、まもなく改訂されるとされる新基準値にてらしても、十分に食用に適する米であった。国や市にもそれなりの言い分はあるだろうが、あえて指示に従わず水稲を作付けした安川さんにも、七〇年の農業人生をかけた論理と思いの正当性があったのだ。国は二〇一二年度もこの地域では水稲の作付けをするなという方針を打ち出すようだが、そうした方針を出す前に、安川さんら水稲作付けを希望する農家とせめて話し合いくらいはすべきではないだろうか。

## 3 耕して七〇年――安川さんの百姓人生

安川さんは一九二七（昭和二）年一月九日、旧原町市の小さな農家に生まれた。九人兄弟の三男、二〇一二年で八五歳になる。

一九四一年三月、一四歳になった安川さんは、浜通りや会津の仲間と一緒に、茨城県内原にあった「満蒙開拓青少年義勇軍内原訓練所」に入所した。四カ月の訓練を経て、七月に旧満州国に渡り、「満州開拓青年義勇軍哈爾浜《ハルビン》訓練所」に入所。一九四四年二月からは高宮義勇隊開拓団に加わって、開拓地農業に打ち込んだ。しかし、過労と厳しい寒さのため肋膜炎を患い、一九四五年三月に帰国した。高熱にうなされながらの命がけの帰国であったという。振り返ってみると、このときに病気で帰国していなければ、敗戦の混乱のなかでおそらく彼の地で没していたであろう。

一九四五年八月の敗戦後、一〇月からは原町の飛行場跡地で勝手開墾を始め、四七年には農地改革によって開拓農地約一haで自作農として認められた。地域の仲間たちとともに、組織的な開拓農業も開始された。こうして、畑の一角に掘立て小屋を建て、手掘りで八mの井戸を掘り、開拓地での暮らしが始まる。家が台風で飛ばされるなど、苦難の日々が続いたが、一九四九年には結婚し、子どもも生まれ、妻とともに開拓農業に打ち込んだ。このとき安川さんが掘った井戸は、いまも生活用水、営農用水として使われている。井戸は掘ったものの、田んぼをつくるほどの水はなく、農業は畑作一本だった。その後たばこ作が経営の柱となる。たばこ作は、生産調整と離作奨励によって二〇〇二年に廃作するまで続けられた。

一九六〇年代には河川からの用水施設が整い、畑地灌漑が開始される。その水を使って、一九七〇年ごろから念願の自力開田が始められた。最初の開田は三〇aで、一〇〇mの深井戸を開削し、やがて河川からの補給用水も得られるようになり、一九九〇年には現在の七五aの田んぼが拓かれた。独自の水利をもち、開拓農業で農地はすべて家の周囲にまとまっていたことが、二〇一一年の独自作付けを可能とする条件だった。

こうした歩みのなかで、安川さんは地域農業の世話役、リーダーとしても活躍されてきた。土地改良区の役員、生産組合の役員などを歴任し、一九八一年から九九年までは農業委員も務めている。

そんな安川さんが有機農業に本格的に取り組むようになったのは、二〇〇四年に民間稲作研究所が秋田県大潟村で開いた研修会に参加してからである。二〇〇六年夏には有機農業視察団に加わり、中国吉林省に行った。六一年ぶりの中国東北部で、かつては畑作しかなかった地域がみごとな水田地帯に変わり、素晴らしい有機稲作が広まっている事実を目の当たりにすることができた。安川さんのおそらく最後の農業人生の路線は有機農業だという思いが、そのとき定まったのだろう。

## 4 有畜複合農業の構築と技術改良

安川さんの農業の原点には、少年時代の旧満州開拓、帰国後の開拓営農のころに培い、心に刻んできた信念があった。

「田畑を拓き、土づくりを進め、技術改良を重ねながら、しっかりとした複合農業を築く。それが必ず明日を拓く」

安川さんの農地は、飛行場跡地の開墾から始まったのだから、土壌条件は決してよくなかった。安川さんは、そんなやせた土地に鍬を入れ、土を培い、放射能汚染の被害を受けたにもかかわらずセシウム移行率〇・〇一一という成果を生み出したのだ。この点に関わって、その営農技術の現在の到達点について紹介しておこう。

安川さんの農業は有畜複合経営であり、畜産部門では繁殖母牛六頭を飼い、年一産を計画している。黒毛和牛の繁殖畜産である。もちろん、そこからの収入も経営としては大切だが、それ以上に、この牛飼いが安川さんの土づくりの基本となっている。

牛の餌には、稲わら、二haの牧草地からの牧草、畦畔などの草が使われる。牛舎の床には、わら、草、籾殻、粉砕した竹チップが敷かれ、適時米ぬかが施される。牛床管理は毎日の仕事で、ここで約三カ月、牛が主役となった堆肥づくりが進められる。牛床に敷かれる竹チップなどの資材の質と堆肥づくりを意図した毎日の注意深い牛床管理が、ここでの技術のポイントである。

牛舎から出された牛糞は、米ぬかが加えられて堆積され、本格的な発酵過程に入る。事前の三カ月に及ぶ仕込みがていねいに取り組まれているので、堆積すればすぐによく発酵する。ただし、やや水分の多い牛糞が主原料なので、固まりやすい。そこで、約一カ月堆積し、発酵が進んだところで、バケットでマニュアスプレッタに移し、粉砕して米ぬかを加え、再び堆積する。さらに細かくするために、二カ月ほど堆積、発酵させた後、水稲育苗の床土調整のための回転式の動力篩《ふるい》にかける。篩から落ちた細かな堆肥を堆積すれば、完成である。固まりかけた堆肥塊の機械的粉砕や篩い分けと米ぬかの適切な施用が、ここでの技術のポイントである。

こうしてつくられた大量な堆肥が一haの田畑に施用される。仕上がりまで約六カ月かかるが、粉砕した竹も原形をとどめず、すべてみごとな堆肥となり、ほぼ無臭である。これほどの堆肥に出会うことは、めったにない。

こうした土づくりを基本とした営農過程では、農場や地域の資源が活かされ、有機的な循環がつくられ、作物の健康ないのちが育まれていく。もちろん、その基礎には暮らしの自給が息づいている。ここに安川さんの有機農業技術の到達点をみることができる。

安川さんの技術改良は、これだけではない。農機具や農業機械の改良も得意分野だ。たとえば、有機稲作での除草機の改良開発がある。地元の農業機械メーカーとの連携で、性能の高い除草機を開発してきた。また、全国的にもまだ未開拓の直播有機稲作の研究も継続的に進められている。技術的な鍵が発芽勢の確保と雀の被害の防止にあることを探り当て、播種機の開発と初期管理のノウハウがほぼ確立されてきた。雑草害の回避も、すでに心配ない水準の技術がつくられている。

安川さんのこれらの技術開発と経営確立は、振り返れば、旧満州開拓のころから時間をかけて培ってきた技術と夢の追究の賜としてあった。それは自然と向き合い、対話しながらの歩みであり、まさに老農と呼ぶにふさわしいあり方だ。

二〇一一年の水稲作付けは、こうした安川さんの七〇年に及ぶ百姓人生において避けることはあり得ない行動であり、それにふさわしい成果が得られている。さすが安川さんだと、感嘆するほかはない。私たちも安川さんの後進として、その七〇年の百姓人生に学び、志と到達点を受け継ぎ、夢を大きく広げていきたい。

# 6 一〇〇km離れた会津から新たな関係性をつくる

浅見彰宏

東京電力福島第一原子力発電所から、会津若松市は一〇〇km、喜多方市は一〇五km離れている。その距離が会津の人たちに放射能汚染という現実の直視を避けさせ、とくに行政が中心になって、汚染とは無関係かのような情報を発信し続けさせた。震災後の早い時期から、会津の農産物に汚染は一切ない、会津は安全と言わせ続けたのだ。同時に、中通りや浜通りを慮《おもんぱか》って、被害者という立場を強く主張することをためらわせた。一〇〇kmという距離が会津をただの被災地とはさせず、会津人をより混迷させたと言える。以下は私が会津で体験し、感じたことの報告である。

## 1 変わらぬ日常と子どもの避難

東日本大震災直後、多くの人たちが会津は大丈夫だろうと言った。たしかに、内陸にある会津の揺れは震度五強。倒壊した家はなく、停電もなかった。当然、あのすさまじい津波も実感できるわけがなく、報道で知っただけだ。次々と流れてくる恐ろしい映像、あるいは原発が近いために避難を余儀なくさせられている同じ福島県民のニュースは、どこか遠い話のように感じた。情報が少ないうえに錯綜していたこと、そして原発からの距離が、妙な気持ちのゆるみを生んだのだろう。

私もまた、そういう安穏とした側に立ちたいと思っていた人間である。物流は止まり、ガソリンも心細くなり、ときおり原発の緊迫した情報も流れてきた。だが、揺れ以上に恐ろしいことが福島県に降りかかりつつあるという事実を、すぐに理解できたわけではない。震災直後はじっと家に閉じ込もり、余震など不測の事態に備えるばかりだった。

三月一二日の深夜。昔からお世話になっている長野県の有機農家から電話があった。ちょうど日本有機農業研究会の総会が福井県で行われており、そこに出席していた原発問題に詳しい人から原発事故の深刻さを聞いたという。

「福島の原発はすでにメルトダウンを起こしている可能性が高い。危険だから、会津から離れなさい。ヨウ素剤もすぐ手に入れるようにしたほうがいい」

一号機の水素爆発直後だったが、原発は分厚い容器に何重にも覆われていて安全であると、テレビでは相変わらず報道されていた。しかし、この電話で私たちの認識は変わっていく。連れ合いは、子どもたちをすぐに実家の長野に避難させると言った。私も賛同したけれど、避難という重い選択に内心迷いがあったことは事実である。

もう、会津に住めなくなるのか。農業ができなくなるのだろうか。

一方、周囲では、いつもと何ら変わりない静かな冬の風景が続いている。とまどいながらも、翌一三日にはレタスやキャベツの種をビニールハウス内の温床に播いた。まだ周囲は一m近い雪に埋もれていたが、きっといつものように心躍る春を迎えられると期待しながら。

喜多方市内の小・中学校では自宅待機はなく、週明けの一四日から通常どおり授業が行われた。連れ合いが市役所に転校手続きにいくと、職員はあからさまに困惑の顔をしたという。「会津は大丈夫」という雰囲気がすでに醸成されていたのだろうか。その時点では、喜多方市で原発事故を理由に転校したのは私たちの子どもだけだったようだ。

## 2 亀裂が生まれ、心が傷つく

ガソリンなどの供給が安定すると、会津はまるで何事もなかったかのように平穏な日常に戻った。そして、ここは安全であり、騒ぐのは危険を煽り、復興を妨げる行為だという空気が蔓延していく。それは、子どもたちを長野県に避難させたことを口外するのがはばかられるほどだった。

　雪が解け、農作業が本格化するころには、「頑張ろう！　福島」「負けないぞ！　福島」という声が連日テレビから聞こえるようになる。福島県が招いた放射線健康リスク管理アドバイザーは、放射能による健康被害について「まったく心配ない」と繰り返した。ところが、自分がインターネットで得た情報では、事態は大きく異なっていた。群馬大学の早川由紀夫教授がつくった汚染マップや国際ＮＧＯなどの調査で、かなり広い範囲で土壌や農産物に放射能汚染が確認されていたのである。

　しかし、周囲のあまりに平穏で、早く復興しようという雰囲気に、こうした情報を地域の人たちに伝えたり、汚染の現状や会津の農業の未来について腹を割って語り合うことを躊躇する気持ちになっていく。そして不安と無力感を覚えながらも、夏野菜の種播き、稲作の準備と、粛々と例年の農事暦どおりの作業を続けた。おそらく、多くの人たちも同じような気持ちでいただろう。あの雰囲気に押され、口を閉ざしていたのではないだろうか。

　四月初旬に、福島県は県内の土壌検査結果を初めて発表した。とはいえ、その調査地点は広い県内でわずかに一二四カ所だ。しかも、そのほとんどは中通りと浜通りに集中し、喜多方市は二カ所だけ。さらに、大字《あざ》以上の調査地点の詳細な場所は公表されなかった。

そして、中通りや浜通りよりは少ないものの、会津にも放射性物質が確実に降下したことを数値が示していた。喜多方の二カ所は、いずれも放射性セシウムが一kgあたり二〇〇ベクレル前後だ。となると、心配すべきは低線量被曝である。汚染された食べものや吸引による内部被曝だ。この事実をどう受けとめ、どう対処するか。

そのころから、放射能汚染の不安を共有しようと、Iターン仲間を中心に週一回集まって情報交換の場を設けるようにした。ガイガーカウンターの購入者も増え、会津でも局所的に放射線量の高いところ、あるいは同じ場所でも軒下や雨どいの下、側溝が高いことが、わかってくる。やがて、身近な仲間たちの間でも、その影響の解釈に差が出てきた。

低線量被曝には、しきい値(障害が発生する最低の値)がないという。どこまでを安全とするのか。六月に入り、Iターン仲間のお豆腐屋さんが佐賀県に移住を決め、会津を離れていった。八月にはやはりIターン組の若い夫婦が三重県に、そして地元出身で蕎麦屋を営む友人も北海道に移っていった。会津のレベルでも、被曝の危険を感じたり、安全な食が提供できないと思ったからだ。

そうした判断基準の差が発端となって、会津を愛する仲間に微妙な亀裂が生まれていった。それは、より汚染の深刻な地域で起こっていた、避難を選択した人と残った人との間で生じた軋轢と、まったく同じだろう。残った人は避難する人を「神経質・無責任・扇動者・逃亡者」と思い、避難する人は残った人を「鈍感・無神経・無知・(このままでは)加害者」と思う。

また、同じ地域の住人でも、放射能に対する構え方が違う人を見ると、違和感を覚え、疎遠になった。それは家族でも同じだ。むしろ、ともに生活しなければならないだけに、家族内の不一致は深刻だろう。それは、いままで安寧に暮らしてきた汚染前の世界では感じる必要のない心情だったはずだ。心が、家族が、仲間が、分断されていく。放射能は会津でも、体だけでなく、心にも、人との関係にも大きな傷をつけていったのだ。

正直に言えば、私は会津を離れた仲間たちの決断を複雑な思いで見ていた。私自身、いち早く子どもたちを会津から避難させた一方で、自分は残って農業を続けている。彼らの重い決断の前に、自分が自己矛盾に陥っていることをあらためて突き付けられたからだ。そして、この葛藤は、さらに拡大していく。

## 3 葛藤しつつ自主検査

当時、(いやいまでも)インターネット上では、福島県で農業を続ける農家に容赦ない罵声が浴びせられた。汚染を広げる加害者であるという非難だ。

たしかに、会津はもちろん、福島県内の農家の多くは震災後も農業を続けていた。国から作付けを認められ（その根拠となる暫定規制値が本当に安全なのかは別に議論するとして）、いつものように家族の生活を守るべく、そして何よりも一日も早い復興を願って、農作業に励んでいた。そこには何の悪意もない。むしろ、もっとも被曝しやすい環境下で命を削りながら、さらには作った農産物が売れるのか、どれくらい放射能が移行するのかわからない不安をかかえながら、厳しい現実に立ち向かっていたのである。

実際に、震災直後から福島県の農作物は買い叩かれた。会津でも特産のアスパラガスなどが値崩れを起こしたし、前年産のお米までキャンセルされたという話も聞いたほどだ。そんな苦悩をよそに、福島県から離れている人、農業と関わりのない人、反原発を強く唱える人ほど、平然と農家を加害者呼ばわりした。だが、農家は被害者である。ただ懸命に、いまを生きているだけだ。

では、子育てには不安な環境だと子どもを避難させつつ、一人会津に残って有機農業を続ける私はどうだろう。本当に、この現実に真摯に向き合っているのか。実は、私こそ自分の都合を優先し、現実に目を背け、被害者面をしている加害者かもしれない。何より、私の農産物を買ってくれる消費者を裏切る行為ではないのか。

そんな葛藤を少しでも和らげるには、とにかく情報を集めるしかない。現実を知るしか

田んぼの草取り完了！　恒例の東京農工大学・耕地の会の夏合宿にて

ない。それは、自分が育てた農産物をしっかりと調べることである。事故後、福島県は県産農産物のモニタリング調査を行っていたが、喜多方市全体でわずか数品目しか調べられていない。しかも、サンプルの出所もわからない。同じ市内のデータとはいえ、それでは不十分だ。

より安全をめざすなら、自分で調べた結果を消費者に見てほしい。仮に微量の放射能が検出されたとしても、相互の理解を得られれば安心を取り戻せるはずである。それは有機農家ならできる。なぜなら、有機農業では消費者とのつながりは産地や品種や価格といった無機的なものではなく、相互の信頼という有機的なものに基づいているからである。

私の場合、幸い消費者の理解もあって、販

路を失うこともなく農業を続けられた。六月に入り、春先に播いたレタスが出荷可能になると、すぐに横浜市の同位体研究所に送った。結果は、検出下限が一kgあたり一ベクレルの検査で不検出。それまでは自分が生産する農産物のデータは一切なかったのだから、この結果には心底ほっとした。直ちに自主検査の結果を公表。すると、会津でも自主的に検査したうえで販売している農家があると、遠方からわざわざ買いに来てくれる人もいた。

それでも、すべてに影響がなかったわけではない。豊かな森林に囲まれた私の集落では、原木によるキノコの栽培が盛んだ。私もわずかながら原木ナメコやシイタケを栽培している。秋になるとナメコやシイタケを楽しみにしている消費者もいたが、キノコ類は心配で販売できなかった。

## 4 現実を直視し、乗り越える

会津は安全なのに農産物が売れないと、みんなが憤怒していた。高い値の放射能は検出されなかったが、多くの農家で今年の取引を控えたいという話が顧客からあったという。とくに、農協と取引のない大規模産直農家は深刻で、顧客からのキャンセルが相次ぎ、大量の在庫をかかえていた。自主検査の結果を示し、例年どおりの取引をお願いしても、

「すでに西（日本）の早場米を確保したので無理だ」と断られたという。

観光客や校外学習の児童・生徒の来訪も激減したため、観光農園や農家民宿の状況も厳しい。グリーンツーリズムでまちおこしをしていた喜多方市では、県外の小・中学校の農業体験プログラムがすべてキャンセルされる。その対応に、神経質すぎるいう不満の声が上がっていた。

しかし、すべてが風評被害によるものだという認識は正しいのだろうか。会津が福島復興の先頭に立っていくと、地元の人は言う。福島県内ではもっとも被害が少なかったのだから、その気持ちは理解できる。だが、一〇〇km離れていても放射能汚染は少なからずあったことに目を伏せ、会津は守られたとばかりに現実に背を向ける行動が目立つのは、いかがなものだろうか。

その結果、汚染に対する対処や危機感が行政・民間ともに不足していたと思う。七月中旬に入って明らかになった汚染された畜産用稲わらの流通と行政の対応の鈍さや、学校給食の食材に対する検査体制確立の不徹底さなどは、その一例である。

本気で風評被害を乗り越えたいのなら、現実に目を背けるのではなく、現実にしっかり向き合うべきなのだ。安心できる農産物を作ることを仕事としている私たち有機農家は、当然そうしなければならない。放射能汚染は容易に受け入れられることではないが、それを直視し、乗り越えることこそが、有機農家の本分であるはずだ。不安と失望を押し殺して、とにかくデータを集める。作物、土壌、有機質資材を調べ、研究者から情報を得、あるいは共有し、対処方法や技術を模索していくしかない。

ところが、その過程で、これまで有機農業が努力してきたこと、追い求めてきたものをすべて否定しかねない恐ろしい事実が明らかになってきた。放射能汚染は、自然の摂理では解決できない作用を生み出したのだ。野生動物の肉、野生のキノコ、さらに腐葉土や畜糞からも、高い放射能が検出されたという。

循環が放射能を濃縮させる。土に付着した放射能は雨などで流出することは少なく、草木に吸い上げられ、やがて落ち葉や枯草となって土に戻る。生態系の豊かなところほど、放射能が循環し続ける。自然に接する機会が多いほど、被曝の危険にさらされる。だから、子どもたちが安易に土や自然に触れることを避けなければならない。落ち葉や米ぬか、畜糞などの有機質肥料の使用も、躊躇させられる

安全かどうかは、市町村という大きなくくりで判断するべきではない。地形、土質、気候、作物の種類、栽培管理の方法で、汚染状況は変わる。放射能の影響を把握するには、より細かく慎重な対応が必要だ。これは安全を謳う会津でも例外ではない。むしろ、日本のどの地域でも同じである。いま、有機農業とは何か、有機農家はどうすべきかが、あら

ためて問い質されている。

## 5 有機農業がつながりをつくりだす

すべては無関心から生まれたと思う。加害者は明らかに東京電力であり、国である。それはゆるぎない事実として、責任を追及しなければならない。同時に、私たちも原発が造られて以来半世紀近く続けた無関心を反省しなければならない。私たちはもっと声を上げるべきだった。時代の流れに、空虚な豊かさに、身を任せすぎた。

この震災を機に、既存の価値観は変わらざるをえないだろう。食の安全・安心の基準も変わる。安全と安心は、イコールではない。安全は科学的データで判断できるが、安心はそれだけでは生まれない。安心をつくりだすのは関係性である。人と人、人と自然が結びつくことで、安心感を生み出すのだ。

私たちがめざすべきは、人と自然が融合した新しい関係性である。それは、原発社会がめざしてきたもの、あるいは市場経済がめざすものとは、正反対な形だ。広がるのではなく、つながるのだ。そして、偶然にも原発とほぼ同じ半世紀近い歴史をもつ有機農業が、こうした未来のあるべき関係性、有機的なつながりをつくりだせると、私は直感する。

まず、豊かさとは何かをもう一度問い直そう。安心を取り戻そう。そのために、壊滅的な被害を受けた福島県の有機農家が先頭に立って行動を起こす。有機農家が蓄積してきた知識、人材、土壌、そして震災を機に生まれたネットワークを活かして、新しい関係性をつくりあげていく。もちろん、そのためには福島県以外の多くの人たちの理解と協力が必要だ。新しい農業の価値観、消費者との関係、そして食のあり方、社会のあるべき姿を、共に示していこう。残念なことだけど、もっとも安全・安心を脅かされた福島県だからこそ、始められる。

私たち福島県民がいま歩んでいる道は、いずれ日本全体が歩まなければならない道である。なぜなら、こうした問題、つまり人と人、人と自然との乖離による社会の崩壊は、震災や原発事故がなくともいずれ噴出していたはずだからだ。ゆえに、実害と風評被害の狭間に揺れた会津での取り組みが、これからの日本の道標となる。それが原発から一〇〇㎞離れた被災地・会津の役割だと私は思う。

# 第2章

## 農の営みで放射能に克つ

野中昌法

第2章は、土壌学の研究者による、放射性セシウムの土壌から農産物への移行に関する調査報告と考察である。対象はおもに東和地区だが、かつての核実験による放射能の影響についても紹介されている。

著者は、同じ水田でも場所によって放射性セシウムの含有量が異なり、その理由は水の流れや滞留、日常的な土づくりや有機資材の投入などの管理方法によることを示した。玄米への移行係数は〇・〇一以下であり、国の当初予想の一〇分の一程度である。また、畑では深く耕すことが効果的な対策であるという。森林においては、斜面の方角によって含有量に大きな差があった。

農地においては、「除染」対策という名のもとに有機物が多い表面土壌を削り取るのではなく、土づくりをはじめさまざまな農民的技術によって放射能汚染を防いでいく方向で考えたい。農の営みの継続と、地域資源循環型有機農業の発展による復興である。ただし、二〇一一年には成果が上がったとはいえ、その傾向で今後も推移するかどうかはまだわからない。耕しつつ丹念に測定し、汚染状況をさらに明らかにしていかなければならない。

## 1 農の営みと真の文明

多くの人たちが近代技術の最先端と考えていた原子力発電所。だが、二〇一一年三月に起きたその人為的とも言える原因による爆発は、大量の放射性物質を環境に放出し、福島県を中心として日本の幅広い地域を汚染した。それは、人類史上最大の公害といってよい。爆発直後、大量に降り注いだ放射性物質は、太陽の光を浴びて育っていた春野菜の葉に沈着し、吸収されていく。その直撃を受けた二本松市のある有機農家は、八月にこう語った。

「一生懸命、春の太陽の光を浴びて生育した春野菜が土壌汚染を防いでくれたのです。私はこの春、野菜を鋤き込まず、一本一本『ありがとう』という言葉をかけて手で抜き取り、農耕に影響のない場所に穴を掘って埋めました」

近代技術とは無縁の、自然と共存してきた農の営みから生まれたこの言葉は、非常に重みがある。この言葉を聞いた私は、農業がもっとも早く復興できると確信した。

東京電力福島第一原子力発電所の事故によって、原子力は真の文明でないことが明らかとなった。これまで多くの文明が滅びに至る過程で犯した過ちを、私たちは繰り返したのだ。いまから約一〇〇年前、足尾鉱毒事件において農民と共に行動した田中正造の言葉をあらためて肝に銘じ、人類は反省しなければならない。

「真の文明ハ山を荒さず、川を荒さず、村を破らず、人を殺さゞるべし」

## 2 農業を継続しながら復興をめざす

二〇一一年五月上旬、私たち日本有機農業学会有志は、相馬市、南相馬市、飯舘村、二本松市東和地区を訪れ、農家の聞き取り調査を行った。これをきっかけに東和地区（福島第一原発から四〇～五〇㎞）で、「ゆうきの里東和ふるさとづくり協議会」（以下「ゆうきの里東和」、第1章1・3参照）の農家が主体となり、農業研究者などが協力する、復興プログラムが始まる。

訪問したとき、すでに農家は約八〇地点の土壌表面の空間放射線量を測定し、汚染マップを作成していた。図1は、東和地区の農家が測定した土壌表面の空間放射線量と、福島大学が調

図1　東和地区と小国地区の土壌表面の空間放射線量測定結果の分布

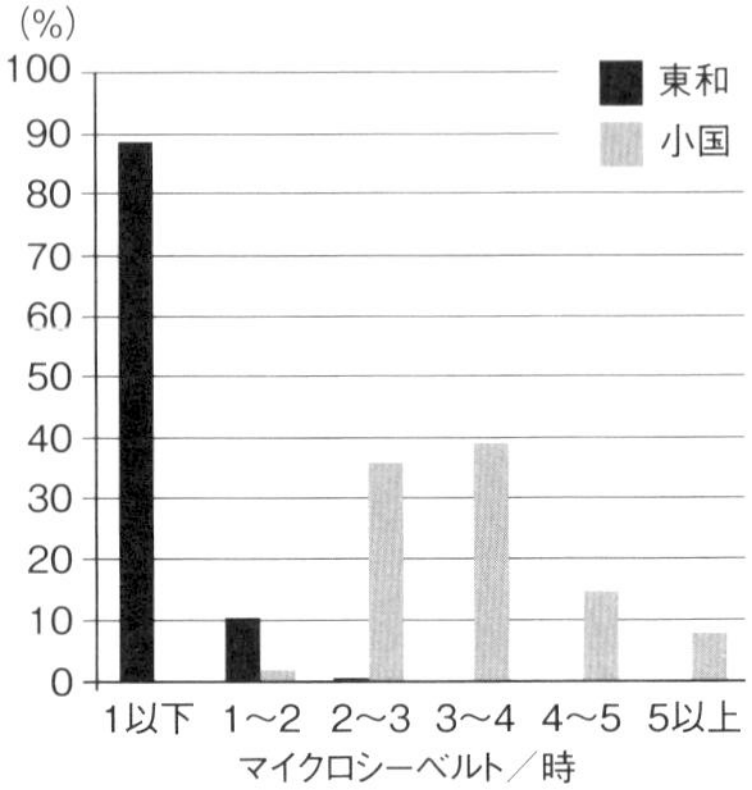


（出所）飯塚里恵子・中島紀一の整理による。

査した伊達市霊山《りょうぜん》町小国地区(福島第一原発から北西に五五〜六〇㎞だが、放射能汚染が深刻。第4章5参照)の土壌表面の空間放射線量分布の比較である。東和地区では地形や自然条件により異なるものの、約九〇%が毎時一マイクロシーベルト以下であった。

私たちはこの結果から、東和地区では農業を継続しながら放射能の影響を低減できると判断した。それは、福島県の農業復興のモデルにもなるであろう。八月下旬に文部科学省が発表した航空機モニタリングに基づくセシウムの沈着量合計(口絵、図1参照)によっても、この判断が正しかったことは裏付けられる。

その後、ゆうきの里東和のメンバーと対話や調査を重ねていく。長年にわたって農の営みを続け、原発事故後の状況を観察してきた農業者たちの放射性物質に立ち向かう姿勢に感動しながら、真の農学は現場で農家との協同作業によってつくりあげられていくものであると実感した。

## 3 核実験が農地に及ぼした影響への調査から学ぶ

一九五〇〜六〇年代には、アメリカ、旧ソ連、中国、フランスなどで核実験が行われ、いわゆる「死の灰」が日本全土に降り注いだ。農地へ蓄積した放射性セシウムは、一kgあ

図2　隣接する水田土壌における砂・粘土・腐植含量の違いによる放射性セシウム137蓄積量の変化（1960年代）

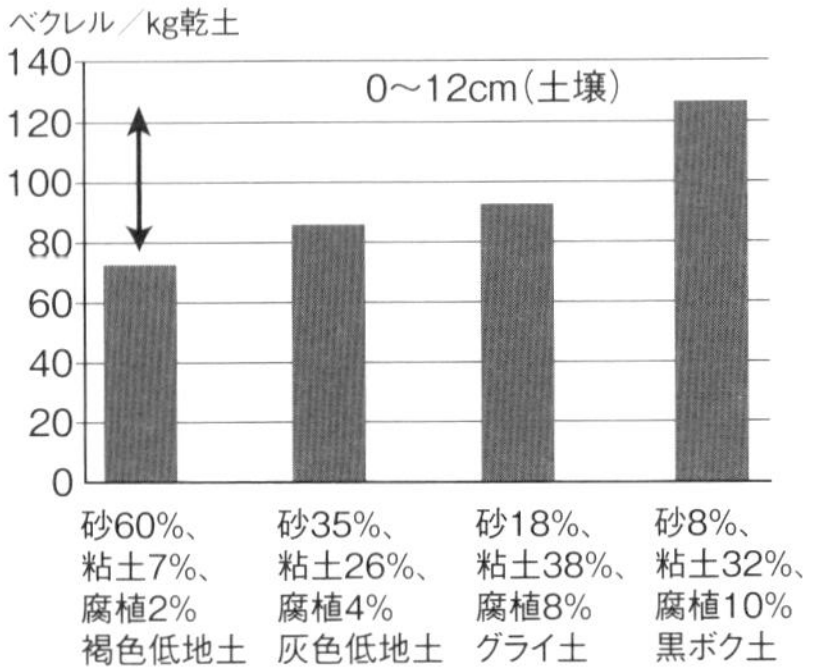


たり全国平均で約四三ベクレル、新潟県では約一〇〇ベクレルであった。その後、約五〇年が経過した原発事故前には、放射性セシウム134（半減期約二年）はゼロ、放射性セシウム137（半減期約三〇年）は一kgあたり一〇～三〇ベクレルである。

これらの核実験による放射能の農地・林地・作物に対する影響について、新潟大学の研究者が調査している[1]。私は原発事故直後の三月下旬、その一人である横山栄造氏の許可を得て、当時の情報をインターネットで発信しはじめた。今後の農業復興を考えるうえでたいへん参考になるので、ここでその一部を紹介したい。

図2は、一九六〇年代の新潟県の隣接する水田土壌（同一町内）における、砂・粘土・腐植の各含量の違いによる放射性セシウム蓄積量（吸着と固定）の差を示している。まず、それぞれの土について説明しておこう。

①褐色低地土――沖積地（川の堆積物でできた土壌）で、水はけがよく、砂の割合が高い。

②灰色低地土――沖積地の土壌だが、粘土含量が多いため、褐色低地土と比べて水はけ

が悪い。

③グライ土――沖積地の土壌だが、地下水位が高く、粘土含量が多いため、水はけが悪く、水が過剰状態になっている。

④黒ボク土――火山灰や火山放出物がおもに風で運ばれて堆積して風化した、粘土が多い土壌。火山灰の堆積後に草本植物が生育し、枯れて、微生物により分解され、生きた生物も含む有機物である「腐植」が多く含まれ、色は黒い。

これらの土壌に含まれる砂や粘土や腐植は、それぞれ単独では存在しない。なお、腐植は黒ボク土だけでなく、すべての土壌で有機物によってつくられる。土壌に有機物を長く入れ続けると、砂―粘土―腐植の複合体がたくさんできる。そして、表面積が大きく、さまざまな微生物や動物が棲みついて、ふんわりとして空気の相が多い団粒構造が発達した、生きた肥沃な土壌となる。

放射性セシウムはプラスイオンを持っている。微生物が生息する粘土・腐植や、それらが複合体となった土壌表面はマイナスイオンなので、放射性セシウムを吸着できる。また、粘土鉱物の中には、その構造から放射性セシウムを取り込む隙間がある。ここに取り込まれた放射性セシウムは固定される。こうした放射性セシウムの土壌への吸着と固定の合計を蓄積すると、これら蓄積した放射性セシウムは土壌肥沃性を高めることでpHを高

表１　同じ溜め池を利用した水田における用水をとおした放射性セシウム137の移動

（ベクレル／kg）

| 標高 | 水田のタイプ | 蓄積量 |
|---|---|---|
| 80 m | 丘陵地の洪積水田（乾田） | 69（0〜11cm） |
| 30 m | 沖積水田（半湿田） | 73（0〜11cm） |
| 1 m | 平地沖積水田（湿田） | 110（0〜12cm） |

め、他のプラスイオンを増やし、作物への放射性セシウムの吸収を少なくできる。

図2からわかるように、粘土含量と腐植含量が高い土壌が放射性セシウムを蓄積する能力が高い。そこでは、土壌中の粘土や腐植だけでなく、土壌微生物や動物による取り込みもあると考えられる。こうした蓄積量の差によって、放射性セシウムが水田の水に溶けて稲に吸収された可能性がある、と横山氏は指摘している。

表1は、同じ溜め池の水を利用した水田で用水をとおして放射性セシウムが移動することを示すデータである。横山氏は、放射性セシウムが農業用水をとおして上流から下流へ移動すると指摘し、水を多く利用し、低地で水はけが悪い湿田で、とくに表層土壌に多く蓄積されやすいと述べている。また、最終的には海まで達しているかもしれない。

牧草地の放射性セシウムの推移を表2に示した。牧草地では牧草に沈着もしくは吸収されるので、その収穫によって放射性セシウムを持ち出すことができる。その結果、マメ科のラジノクローバーの場合、三年間で蓄積量はおよそ一二分の一に減っている。隣接する畑土壌や水田土壌（いずれも一kgあたり二〇〇〜三〇〇ベクレル）と比べると、蓄積量は二〇〜

三〇％にすぎない。また、イネ科のイタリアンライグラスを一九六五年に同じ土壌で五回収穫したときの放射性セシウム１３７の平均値は、一kgあたり一〇四ベクレルだった。

さらに、ラジノクローバーとイタリアンライグラスは、土壌に蓄積された放射性セシウムを年間それぞれ八％、四％吸収したという。これは、牧草が被覆植物として、降下した放射性物質の浄化(ファイトリミディエーションという)に有効であることを意味している。ただし、家畜がこの牧草を食べないように注意しなければならない。

次に、赤松林ではどうだっただろうか。赤松林では、大気中から降下してきた放射性セシウム１３７とストロンチウムの九八％が地上部に蓄積していた。そして、表３に示すように樹木の地上部では樹皮・枝・葉に九一％が沈着していた。この放射性セシウムは落葉によって腐植層に蓄積するか、雨水や雪解け水で少しずつ洗い流されると考えられる。

表２　ラジノクローバーに含まれる放射性セシウム 137 の推移

(ベクレル／kg)

| 年 | 蓄積量 |
|---|---|
| 1963 | 734 |
| 1964 | 347 |
| 1966 | 60 |

表３　赤松の地上部におけるセシウム 137 の分布

| 名称 | 割　合 |
|---|---|
| 樹皮 | 42.1％ |
| 幹 | 5.7％ |
| 枝 | 29.6％ |
| 葉 | 18.8％ |
| 根 | 3.9％ |

現在の農学や土壌学はきわめて細分化し、農業生態系や土壌を総合的に理解していない。農業の実態と乖離し、農家の信頼を得られていない。一方この研究は、農地を自然生態系の一部としてダイナミックに捉えている。そして、原発事故による放射性物質の農

業生態系に及ぼす影響と低減対策を考える場合、森林から農地まで総合的にその動態を考える必要があることがよくわかる。

## 4 土の力が米への移行を抑えた

### ◆調査の概要

私は二〇一一年五月以来、何回も東和地区で調査を行った。図3の①〜⑬はその場所を示している。水田は①〜⑥で、それぞれ農業用水の集水域が異なる。また、⑧はブドウ園、⑨は空間放射線量が毎時一マイクロシーベルト以上と高い、川俣町山木屋地区に接した不耕起畑、(2)⑩は空間放射線量が低い(毎時一マイクロシーベルト以下)不耕起畑である。森林は⑦と⑪〜⑬で、⑦と⑫は福島第一原発の方角の南東斜面、⑪と⑬は南西斜面を調査した。

国の標準的な水田土壌採取法は五点法だ。一枚の水田の角周辺の四カ所、中央の一カ所、合計五カ所から深さ一五cmの土壌を適時採取後、混合して数値を測り、分析する方法である。

今回の調査では、水田における放射性物質の動きを解明するために、稲刈り直前に各圃

図３　ゆうきの里東和の調査地点
（9月16・24日、10月16日）

場の水口《みなくち》（農業用水が流入する入り口）から二mで三カ所、中央で三カ所、水尻《みなじり》（水田を流れた水の出口）から二mで三カ所の土壌（〇〜一五cm）を採取し、隣接する稲を刈り取った。そして、土壌に含まれる放射性セシウムの根から稲への移行を調べるために、土壌、稲わら、籾殻、玄米の放射性物質（ヨウ素１３１、セシウム１３４、セシウム１３７）の含有量の分析を依頼した（長岡市の新潟県環境衛生中央研究所、ゲルマニウム半導体分析）。

なお、稲刈り直前に土壌の採取と稲の刈り取りを行ったのは、稲刈り後では土壌が人工的に撹拌されてデータの信頼性がなくなるからである。

### ◆自然条件や管理方法による大きな違い

写真１は水田②の全貌である。手前が水口で、約二m離れた地点で農家の方が土壌を採

写真１　水田②の全貌

取し、稲を刈り取っている。図４が示すように、調査した多くの水田で、土壌表面の空間放射線量が水口で高く、中央から水尻に行くほど低い。図５のように土壌中の放射性セシウム含有量も同じ傾向で、水尻が水口の約四分の一であった。これは、稲作栽培中に用水に含まれていた粘土や腐植の粒子状物質に吸着した放射性セシウムが水口で沈降したためと考えられる。

なお、福島第一原発の事故による土壌中の放射性セシウムは、１３４と１３７がほぼ一：一で含まれている。放射性セシウム量が仮に一kgあたり二〇〇ベクレルだった場合、半減期約二年の１３４が一〇〇ベクレル含まれていれば、過去の核実験やチェルノブイリ原発事故のものではなく、今回の事故の影響であると断定できる。

表４は水田②の調査結果のまとめである。水口の土壌では放射性セシウム（１３４＋１３７）が一kgあたり四六〇〇ベクレルであったが、稲わらでは一四〇ベクレル、籾殻では二五ベクレル、玄米では不検出であった。この水田は毎年、稲刈り後に稲わらを水田土壌に

図４　水田②の土壌表面（１cm）の空間放射線量
（マイクロシーベルト／時）

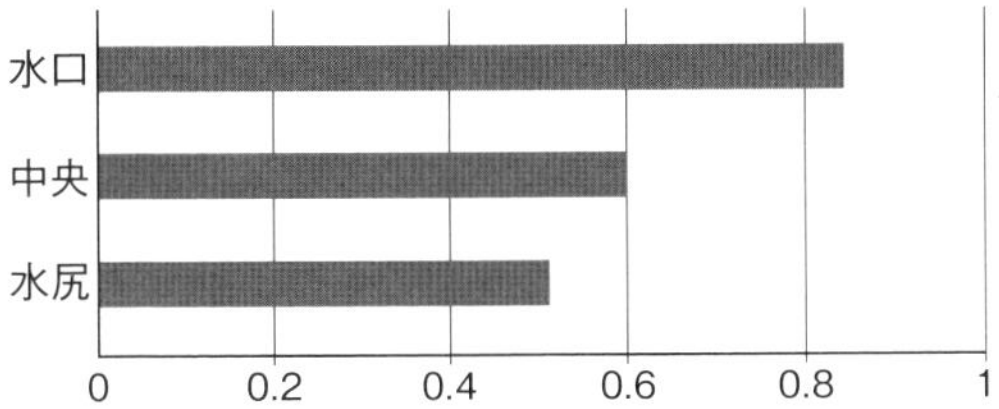


（注）2011年9月16日に調査した。

図５　水田②の土壌中の放射性セシウム含有量
（ベクレル／kg、乾土・深さ15cm）

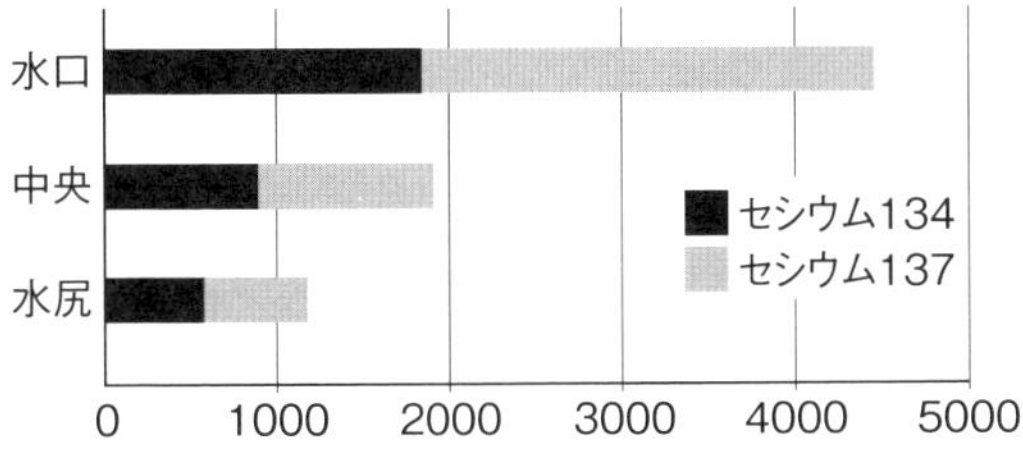


（注）2011年9月16日に調査した。

表４　水田②の土壌と玄米などの放射性セシウム含有量
（ベクレル／kg）

| | 水口 | 中央 | 水尻 |
|---|---|---|---|
| 土壌 | 4600 | 2040 | 1350 |
| 稲わら | 140 | 92 | 122 |
| 籾殻 | 25 | 34 | 35 |
| 玄米 | ND | ND | ND |
| （空間線量） | 0.86 | 0.62 | 0.53 |

（注）空間線量はマイクロシーベルト／時。検出限界（ND）は10ベクレル／kg。

図6　南魚沼市の土壌中の放射性セシウム含有量

（ベクレル／kg、乾土）

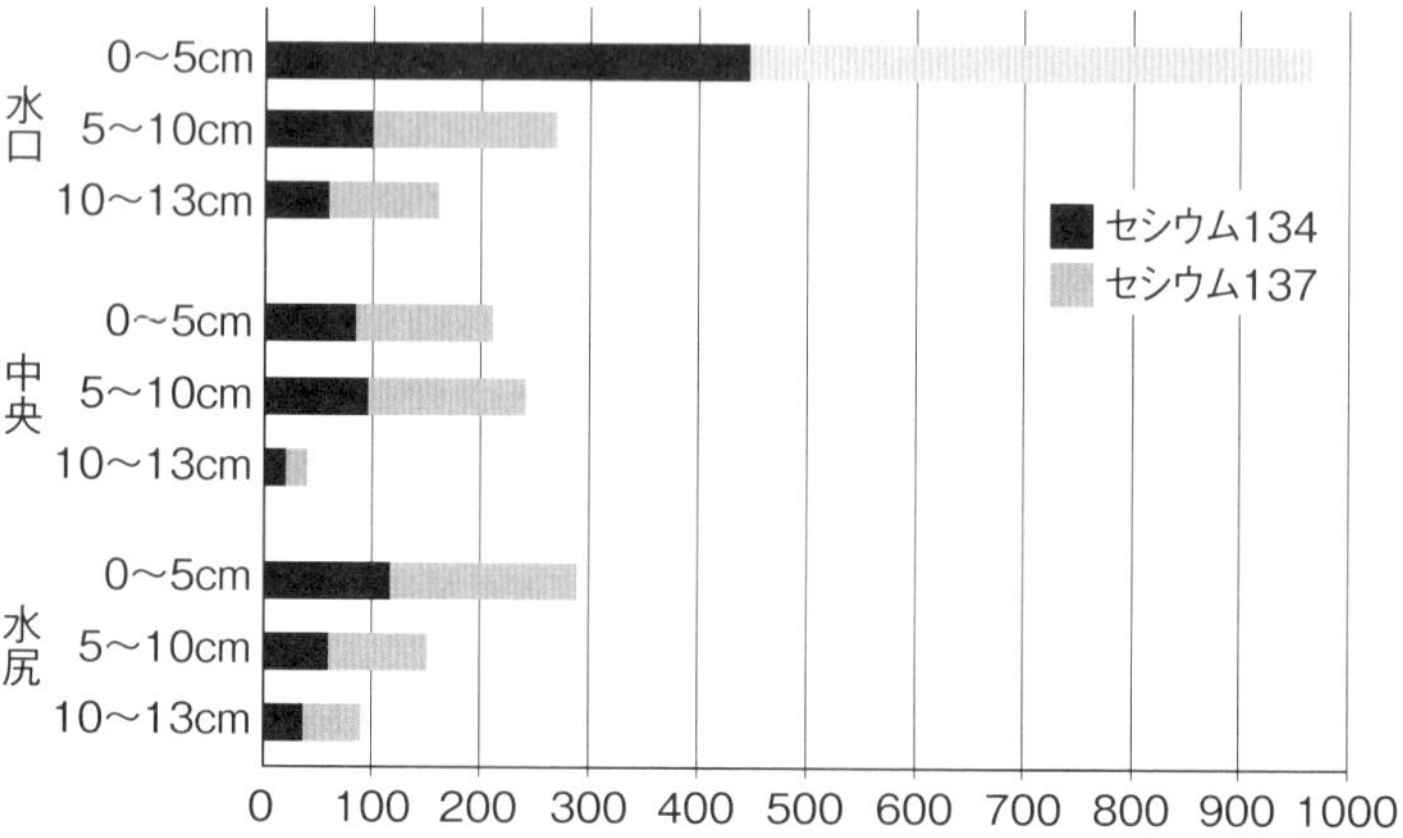


（注）2011年9月6日に調査した。

鋤き込んでいるという。

①～⑥の水田の調査は稲刈り前に行い、四カ所でこのように水口で放射性セシウムが多く含まれていた。また、新潟県南魚沼市（福島第一原発から約一九〇km）でも稲刈り前に同様な調査を行ったところ、図6に示したように、水口近くの〇～五cm土壌で一kgあたり一〇〇〇ベクレル近い値が検出されている。これは、福島第一原発の爆発直後に風によって運ばれてきた放射性セシウムが、当時雪が降っていたこの地域の森林や農地に沈着したためと考えられる。

一方、私たちの調査では、水が水尻で滞留していた水田⑤では、図7・8に示したように、水尻で土壌表面の空間放射線量と土壌中の放射性セシウム含有量が高かった。二〇一一年四月の田植え前における放射性セシウム含有量は、一kgあたり二五〇〇ベクレルであったという。ところが、九月の土壌採取では、表5に示したように、いずれの場所も二五〇〇ベクレルを大きく超えている。この水田は調査地域のなかで下流域にあり、水はけが悪く、水が滞留していたためであろうと推測される。

図7　水田⑤の土壌表面（1cm）の空間放射線量
（マイクロシーベルト／時）

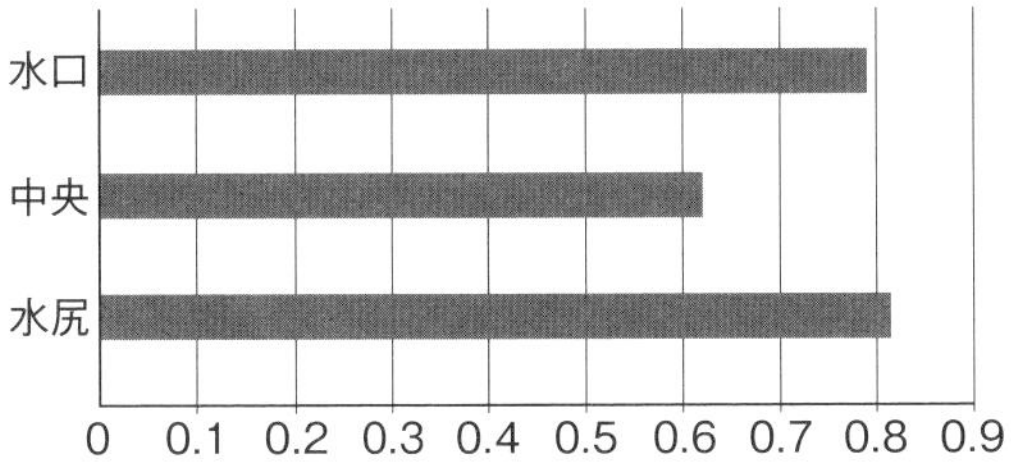


（注）2011年9月16日に調査した。

図8　水田⑤の土壌中の放射性セシウム含有量
（ベクレル／kg、乾土・深さ15cm）

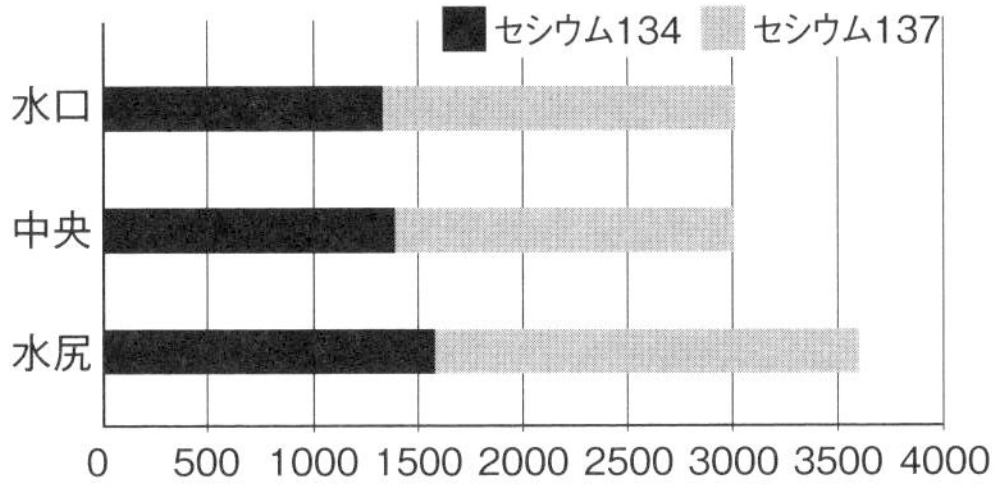


（注）2011年9月16日に調査した。

表5　水田⑤の土壌と玄米などの放射性セシウム含有量
（ベクレル／kg）

| | 水口 | 中央 | 水尻 |
|---|---|---|---|
| 土壌 | 3100 | 3100 | 3700 |
| 稲わら | 220 | 167 | 145 |
| 籾殻 | 93 | 65 | 58 |
| 玄米 | 39 | 31 | 25 |
| （空間線量） | 0.81 | 0.64 | 0.84 |

（注）空間線量はマイクロシーベルト／時。検出限界は10ベクレル／kg。

また、表4の水田②と比べて、水田⑤では水口の放射性セシウム含有量は一kgあたり一五〇〇ベクレル低かったが、稲わらは二二〇ベクレル、籾殻は九三ベクレルと、それぞれかなり高かった。さらに、水田②では検出されなかった玄米からも、水田⑤では一kgあたり三九ベクレル検出されている。聞き取りによると、この農家は稲わらの鋤き込みは行っていない。

このように、同じ地域でも空間放射線量や放射性セシウム含有量の様相は大きく異なる。そのおもな理由は次の二つが考えられる。

第一は、水の流れる速さや滞留の程度などの自然条件の違いである。

第二は、稲わらの土壌への鋤き込みの有無や鋤き込み量、カリ肥料の投入などの肥培管理の違いである。有機物(たとえば堆肥や稲わら)や粘土資材の投入によって、土壌の放射性セシウムの吸着・固定量は増加できる。また、自然の木灰を含むカリ肥料の投入によって放射性セシウムが有機物や粘土に吸着・固定する量を増やし、水溶性のセシウムを低下させると、稲による吸収が抑えられ、玄米への移行率が下がると予想される。これは、原素の周期表でともに第一族であるカリウムとセシウムが、自然界では同じような働きを示すためである。

したがって、日常的な土づくりが重要であろう。有機農家は継続的に有機資材を投入し

写真２　予備検査で暫定規制値を超えた玄米が検出された小浜地区の水田

て腐植含量の高い土づくりを行っているので、放射性セシウムの吸着・固定量が多くなり、作物への移行が慣行農家に比べて少なくなる可能性がある。

## ◆山からの水に含まれる放射性セシウム

二〇一一年九月二三日に二本松市小浜地区の予備検査で、ある農家から、暫定規制値（一kgあたり五〇〇ベクレル）とちょうど同じ値の放射性セシウムを含む玄米が見つかった。私はこのとき二本松市に滞在していたので、ゆうきの里東和の友人をとおして、直ちに農家の聞き取りと現場の確認を三回行った。写真２はそのとき撮影したものだ。

その水田への道は狭く、徒歩でしか

入れない。江戸時代に、人目につきにくいところに水田をつくって年貢を免れようとした「隠し田」を連想させる棚田である。上から二番目の水田で穫れた玄米から、五〇〇ベクレルの放射性セシウムが検出された。その上と下の水田の玄米からの検出値は、はるかに低い。また、田植え前の土壌中の放射性セシウム含有量は一kgあたり三〇〇〇ベクレルで、暫定規制値内であった。

農家の人に話を聞いたところ、この水田は天水田(雨水を利用する水田)だという。周囲の森林から流れ込んだ伏流水(森林の腐植層を通過し、山から流れてきた水)を上段の水田のまわりに造った水路を通して温め、写真の①と③の地点から、一年中かけ流している。②の地点には、上段の水田から水が流れ込むようになっていた。この水路は、山から流れてきた水を温めることで冷害を防ぐ役割をしている。江戸時代から伝わる農民の知恵である。

昔は水路のまわりの森林の枝打ちや落ち葉の除去などの手入れを行っていたというが、現在は草木が水路を被っていた。また、窒素・リン酸・カリ肥料の投入は標準量以下で、田植え以降は稲刈りまで水田に入ることはないそうだ。

農業の機械化によって伝統的な技術が守られなくなり、里山、森林、水田の管理が不十分なところは、中山間地に多い。高齢化や兼業で労働力も不足している。こうした近代農業の構造的な問題も、水路に流れ込む水の放射性セシウム含有量を増やし、栽培期間中を通して稲への吸収量が増えたとも考えられる。

私たちは当初、土壌中から玄米への放射性セシウムの移行係数のみを重視していた。だが、小浜地区の調査は、土壌中からの移行だけではなく、栽培期間中の用水への放射性セシウムの侵入や、放射性セシウムを含んだ水の滞留による稲の吸収も考慮する必要があることを示唆している。

本来は、この小浜地区の経験を活かして、土壌表面の空間放射線量や腐植層の空間放射線量が高かったり、森林の伏流水を利用したりしている地域を特定し、詳細に調査(全戸・全量検査)しなければならなかった。そして、その結果を速やかに公表し、出荷制限する必要があったのだ。

にもかかわらず、福島県知事が一〇月一二日に安全宣言を早々と出したのは、明らかなボタンの掛け違いである。その後で暫定規制値を超える米がいくつも発見された結果、福島県全体の米が汚染されているかのような状況がつくり出されてしまった。

### ◆予想より大幅に低かった移行係数

ここで、これまでの水田の調査結果をまとめておきたい。

まず、土壌表面の空間放射線量から、大まかではあるが土壌中の放射性セシウム含有量が予測できる。東和地区の土壌表面の空間放射線量は毎時〇・五〜一マイクロシーベルト、土壌中の放射性セシウム含有量は一kgあたり一五〇〇〜六五〇〇ベクレルであった。南魚沼市の調査では、それぞれ〇・〇五〜〇・一五マイクロシーベルト、一五〇〜九〇〇ベクレルだから、およそ七分の一〜一〇分の一である。

この結果から、土壌中の放射性セシウムの稲への移行係数を単純に計算すると、稲わらへは〇・〇五前後、籾殻へは〇・〇三前後、玄米へは〇・〇一以下となる。田植え前の土壌中の放射性セシウムは栽培期間中に稲に吸収され、田面水によって移動したと推測されるので、稲刈り直前の含有量は低くなったと考えられる。今後の移行係数はさらに小さくなるだろう。また、精米への移行係数については、ゆうきの里東和の調査によると〇・〇〇三前後と予想される。

福島県内の二九市町村(一五一旧市町村)における二万三二四七戸、三万二七五五地点の玄米に関する放射性セシウムの調査(二〇一二年二月七日発表)では、八六・二%から検出されず、九七・五%が一kgあたり一〇〇ベクレル以下であった。また、市民放射能測定所が行った福島県内の六五〇点の農産物・食品の分析(一一月一〇日現在)でも、一〇〇ベクレルを超えた玄米は三サンプルにすぎない。これらは、特別なケースを除いて土壌から玄米への移行率が小さいことを示している。

こうした調査結果を見ると、国が当初に予測した水田土壌から玄米への移行係数〇・一と比べて大幅に低い。これは、福島県の土壌に粘土が多く含まれているため、放射性セシウムの吸着・固定が多かったからと考えられる。

ただし、すでに述べたように、森林から流れた水に含まれる放射性セシウムが上流から下流へ移動している傾向があったし、栽培期間中に水を通した侵入も見られた。したがって、土壌中の放射性セシウムの警戒に加えて、栽培期間中の水管理に注意しなければならない。水稲と言われるように、稲は生育期間中に土の中から水田の水のほうに根が伸びる。これを上根と呼び、水の養分を積極的に吸収するので、登熟期までの上根を通した吸収・移行も警戒する必要がある。

また、上流の溜め池や灌漑ダムの水を利用している水田もある。こうした水田では川や農業用水を通して上流から下流への放射性セシウムの移動が起きるので、溜め池や灌漑ダムからの水の出口で浄化しなければならない。その手段として、孔げきが多く表面積の大きいゼオライトを投与したり約五kgの籾殻(幅一m、長さ五m程度)を水口に敷き詰めて吸着させる、ビオトープに生育した水性植物に吸収させた後に刈り取るなどが考えられる。上根が生育する時期に水の流入を少なくすることも、ひとつの方法である。

## 5 ロータリー耕などの技術による畑の低減対策

山木屋地区に近い標高六〇〇mの不耕起畑⑨（一三三ページ図3参照）の土壌中の放射性セシウム含有量を図9に示した。〇～五cmに一kgあたり約一万七〇〇〇ベクレル含まれており、これは〇～三〇cmまでの全含有量の九七%にあたる。また、原発事故直後に生育した雑草には、一kgあたり三四〇〇ベクレル含まれていた。

一方、この不耕起畑を農家がロータリー耕（耕耘機で土壌を掘り起こし、約一五cm均一に撹拌する）で耕起したところ、そこに生育した雑草の放射性セシウム含有量は一kgあたり一一五ベクレルであった。これは、放射性セシウムが〇～一五cmの土壌に均一に混ざったからである（図10）。その結果、土壌表面の空間放射線量は、耕起前の毎時約一・八〇マイクロシーベルトから四分の一程度に減少した。

ロータリー耕などによって土壌表層の放射性セシウムをより深い土壌と均一化して薄められれば、土壌表面の空間放射線量と作土層（〇～一〇cm）の放射性セシウム含有量が減少

図９　不耕起畑⑨の土壌中の放射性セシウム含有量

（ベクレル／kg、乾土）

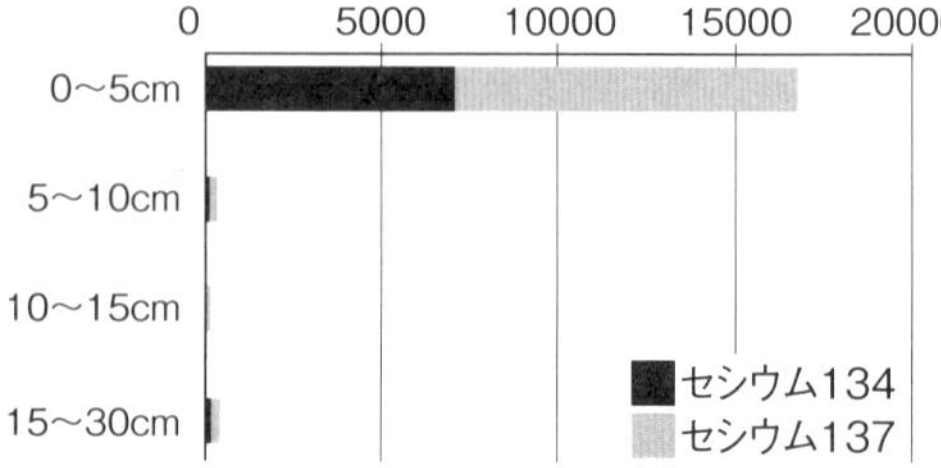


（注）2011年10月16日に調査した。

図10　不耕起畑⑨のロータリー耕後の土壌中の放射性セシウム含有量
（ベクレル／kg、乾土）

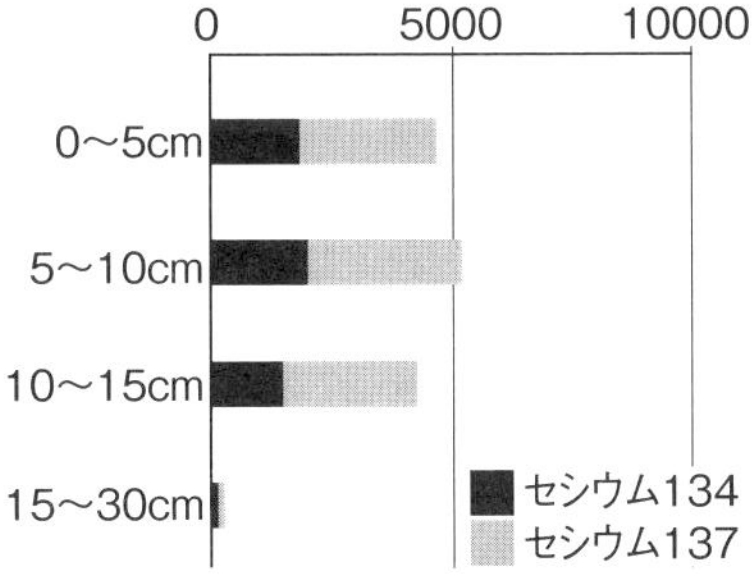


（注）2011年10月16日に調査した。

する。そして、粘土含有量が多い一〇～一五cmの土壌に放射性セシウムを吸着・固定できる。ただし、その結果として深層土壌にも放射性セシウムが含まれるので、作物による吸収を抑えなければならない。根を深く張る作物の栽培には注意が必要となる。

また、放射性物質に汚染された土壌の修復と農業の復興を考える場合、農業者の被曝も低減しなければならない。その対策としても、ロータリー耕などによる均一化は有効である。

なお、深い部分に混ぜても土壌には残るのだから、放射性セシウムが蓄積した表層土壌を除去したほうがよいという意見がある。だが、福島県では多くの地域で二〇一一年度の作付けを行うために耕耘が行われ、多くの農地土壌で放射性セシウムが作土層（〇～一〇cm）に均一化している。また、農家にとって、とりわけ有機農家にとって、長年にわたって有機物を入れてきた腐植の多い表層土壌を削り取ることは耐えがたい。さらに、面積が狭く、急斜面に点在する農地も多い。したがって、剥ぎ取った汚染土壌の保管問題も含めて、表層土壌の除去は非現実的だと考える。

ここで重要なのは、〇～一〇㎝の土壌に均一化している放射性セシウムを低減して、作物に吸収されないようにする方法である。まず、ゼオライトを含む有機資材の投入が有効であろう。また、植物の根に共生して土壌からの養分吸収を促進し、病原菌の感染を防ぐ菌類（子嚢《しのう》菌や担子菌（きのこなど））の一種である菌根菌は、放射性セシウムを多く吸収することがわかっている。だから、菌根菌が共生しやすい植物（マメ科やイネ科）と作物を混作すれば、作物への移行率を低減できる。とくに放射性セシウムが高い濃度で含まれている土壌では、菌根菌の共生植物によるある程度の除去が可能であろう。

こうした放射性セシウム低減対策は農家の考え方を尊重し、これまで農家が行ってきた耕作法や栽培法の延長上の農業技術でなければならない。必要以上の大型機械の導入や地域循環資源以外の資材の投入は、避けるべきである。

## 6 森林の落ち葉の利用は可能か

森林⑦は福島第一原発の方角の南東斜面で、標高は六〇〇ｍである。この森林で、半径五〇ｍ以内のコナラ林、杉林、赤松林の腐植（A0）層（落ち葉や樹枝が堆積して微生物が分解途中の腐植層）とA1層（落ち葉の分解が終了した最上部の層で、腐植に富む黒い色の土壌層）、およびコナラ林の二〇一一年度の落ち葉を調査し、放射性セシウム含有量を図11に示した。腐植(A0)層は原発事故前の二〇一〇年冬に落ちた葉や枝が堆積され、二〇一一年三月に汚染された層である。

図11　森林⑦の土壌中の放射性セシウム含有量

(ベクレル／kg、乾土)

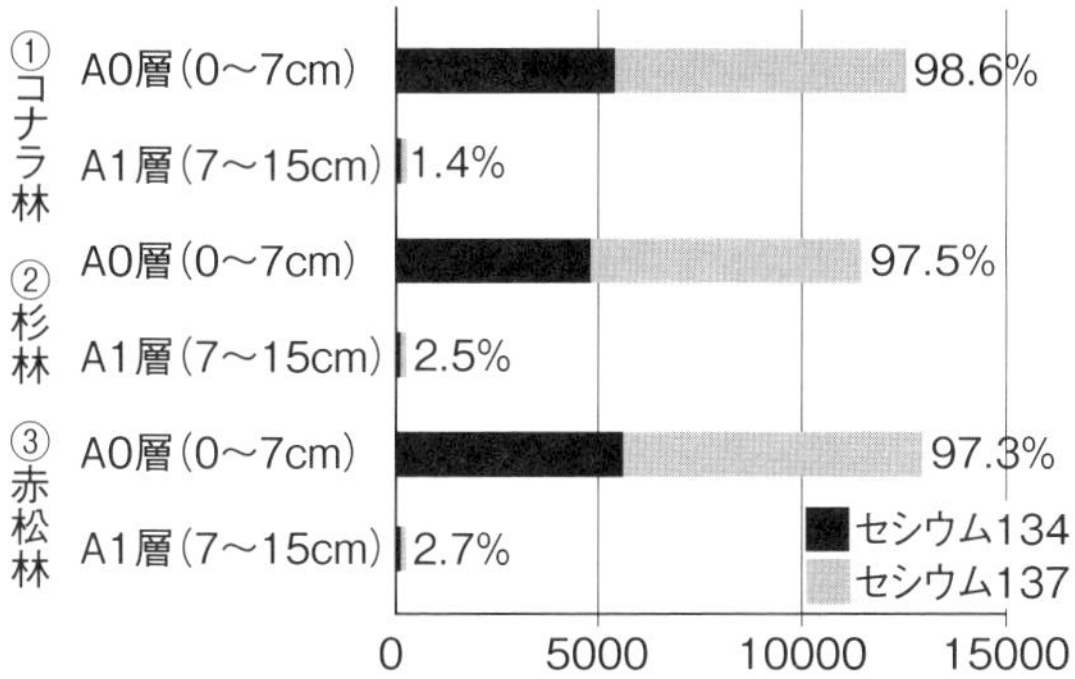


(注)2011年9月24日に調査した。

原発事故後約六カ月が経過した九月二四日に採取したデータを見ると、腐植(A0)層に九七・三%〜九八・六%が蓄積しており、下のA1層に移動していない。チェルノブイリ原発事故後においても、九五%が〇〜五cmの腐植(A0)層に蓄積していたことがわかっている。この腐植(A0)層に蓄積された放射性セシウムが土壌動物や土壌菌類を通して濃縮され、食物連鎖によって人間に重大な影響を与えた。

チェルノブイリ地域は平坦であった。それに比べて里山を背後にもつ福島県では、腐植(A0)層に蓄積した放射性セシウムは雨水や雪解け水とともに腐植(A0)層とA1層の間にある水みちを通って流れ出すことが考えられる。将来的には、山林においてこの水

表6　2011年のコナラの落ち葉中の放射性セシウム含有量　（ベクレル／kg、乾葉）

| 森林 | セシウム134 | セシウム137 | 合計 |
| --- | --- | --- | --- |
| ⑦ | 5900 | 7300 | 13200 |
| ⑪ | 2000 | 2600 | 4600 |
| ⑬ | 2100 | 2600 | 4700 |

（注）2011年12月3日に採取した。

みちを流れる水の浄化が必要であろう。

また表6は、森林⑦⑪⑬で採取した二〇一一年冬のコナラの落ち葉の放射性セシウム含有量である。含有量は、森林によって大きく異なっている。そのなかで、森林⑦の南東斜面の落ち葉に含まれる放射性セシウムは、図11に示した二〇一〇年に堆積した腐植（A0）層とほとんど変わらず、高い値であった。また、⑦と同じ南東斜面の森林⑫の落ち葉も、一kgあたり約二万ベクレルと高い値である。

これは私たちの予想と異なっていた。私たちは、原発事故以降に新芽が展開した二〇一一年のコナラの落ち葉は、腐植（A0）層と比べて放射性セシウム含有量が低いと考えていたからである。この原因は不明だが、周囲の樹木の汚染度が高いために、新芽や樹皮に蓄積した放射性セシウムが新しい葉の成長とともに移行した可能性が考えられる。同様な現象は栗や柿などの果樹でも起きていた。

ゆうきの里東和では、森林の落ち葉を利用した有機農業が行われている。落ち葉はとくに野菜の育苗土に重要で、丈夫な苗が育てられる。そこで、利用できる落ち葉を探すために、⑦とは斜面の方角が異なる、南西斜面の⑪と⑬のコナラも調査した。すると、それらに含まれる放射性セシウムは⑦の三分の一程度であった(表6)。斜面の方角によって、含有量が大きく異なったのである。今後は、原発事故後にどの方向から放射性物質が降下してきたかを詳細に調査しなければならない。

なお、落ち葉は前処理として乾燥後、粉砕して二㎜の篩《ふるい》に全通させ、一定容量を容器に密に詰めて測定した。一方、農家が落ち葉を利用する場合は乾燥せず、生のまま堆肥化する。乾燥すると放射性セシウムは濃縮する。私たちは現在、生のままの落ち葉の堆肥化や苗床としての利用が可能か詳細な調査を継続中である。

また、肥料や土壌改良資材などの暫定規制値(一kgあたり四〇〇ベクレル)を四～五倍超えた堆肥を土壌に一:三の割合で入れても作物に吸収されず、ゼオライトを混合すればさらに高濃度の放射性セシウムを含む堆肥を使用できる、という蜷木朋子らの報告もある(3)。したがって、これまでのように地域資源を利用する循環型の有機農業は可能だと考えられる。たとえば、放射性セシウム134の半減期が二年であることを考慮すると、セシウム134が一kgあたり一万ベクレル含まれている落ち葉四〇kgを一〇aの土壌に混合しても、問題はないであろう。

## 7 除染から営農継続による復興へ

こうした調査結果から、農の営みの継続によって放射性物質の影響を低減できることがわかってきた。原発事故の大きな影響を受けた地域は、オホーツク海高気圧の影響によるやませ（偏東風）が夏に数年間隔で吹きやすく、冷害の多発地帯である。英伸三の写真集『偏東風に吹かれた村』[4]には、食料の輸入自由化と冷害に苦しみながらたくましく生きる東北農民の姿が写されている。

そうした厳しい気候のもとで、冷害を克服するために、イネの品種改良、灌漑（温かい水の利用）、排水、肥料（山の落ち葉・草や家畜糞尿など有機物の利用）、冷害に強い苗づくり、農具や農耕馬の改良などの工夫を江戸時代から進めてきた[5]。その結果、必然的に、家畜と人が共生する有畜複合家族経営が発展したのである。冷害を克服する農業の土台である肥沃な表層土壌を、「除染」のためとはいえ削り取る行為は、先祖から続いてきた農の土台の破壊にほかならない。

農家は、農の営みを続けることで健康で生きがいのある生活ができる。この当たり前の生活を否定したのが、福島第一原発の事故である。農家の思いを多くの国民が共有してほしい。自ら命を絶った福島の農家のためにも。

史上最大の公害事件を発生させた東京電力の責任を明確にしたうえで、これから農業を復興していかなければならない。溜め池や用水の除染などのインフラ整備を否定するわけではない。だが、農の営みの継続によって放射性物質を低減させ、農業の復興ができる地域において、ゼネコンが行う「農地除染」は、誰のためのものであろうか？　それは、真の農業復興とはほど遠い。

田中正造に倣って、言おう。「山を荒さず、川を荒さず、村を破らず、農家を殺さざる」真の農業復興を。

農地除染という言葉の使用をやめよう。農の営みの継続によって、農業の復興と新たな発展が可能である。

近代技術の最先端であった原子力発電所、近代文明の象徴であった原子力。私たちはいま、この技術と文明を無意識・無作為的に許してきたことを反省しなければならない。実際に、原子力とは無縁な自然と共生するタイプの農業が、放射能汚染からもっとも早く回復しつつある。この現実をふまえて私たちは、自然と共生して、地域資源を循環させる農業をますます進め、福島県を日本一安全な農産物を生産する県としなければならない。

（1）横山栄造「放射性降下物の土壌―植物系における汚染とその除染に関する研究」（博士論文）一九

八二年。川瀬金次郎・小林宇五郎ほか『環境と放射能』東海大学出版会、一九七一年。

（2）土壌の団粒構造や微生物の菌糸のネットワークを壊さず、その長所を利用した栽培法。耕作放棄とは異なる。

（3）蜷木朋子・近藤綾子・後藤逸男「原発事故による放射能汚染対策にゼオライトは有効か」『第一二回日本有機農業学会大会資料集』二〇一一年、一〇七〜一〇九ページ。

（4）英伸三『偏東風に吹かれた村――英伸三写真記録1976-1982』家の光協会、一九八三年。

（5）庄司吉之助「徳川時代に於ける東北農業の諸問題」『商学論集』一九四三年八月号。

〈参考文献〉

野中昌法「放射性汚染の実態と対策―調査から見えてきたこと―」『第一二回日本有機農業学会大会資料集』(添付資料)二〇一一年。

野中昌法・原田直樹・小松崎将一「二本松東和地域の里山・水田・畑の放射能汚染の実態と取り組み」『第一二回日本有機農業学会大会資料集』二〇一一年、九九〜一〇〇ページ。

長谷川浩「福島県における民間の放射能汚染検査体制の広がり―農産物の事例―」『第一二回日本有機農業学会大会資料集』二〇一一年、一〇四〜一〇六ページ。


〈謝辞〉本章を書くにあたり、共同研究者の新潟大学農学部准教授原田直樹氏と土壌学研究室の学生さんに感謝いたします。また、有益な助言をいただいた茨城大学准教授小松崎将一氏に御礼を申し上げます。なお、ゆうきの里東和復興プログラムは三井物産環境基金復興助成金により行っているものです。あわせて感謝を申し上げます。

# 第3章

# 市民による放射能の「見える化」を農の復興につなげる

長谷川　浩

第3章は、市民による放射能測定の報告と、研究者の立場からの今後の対策への考察である。著者は長く有機農業を調査・研究してきている。

安全・安心の前提は測定だ。市民が自ら学び、技術を身につけていった意義は大きい。九月以降の測定結果では、平均値は野菜で一kgあたり一〇ベクレル以下、玄米・精米で一六ベクレルである。一方、果樹では一〇〇ベクレルを超えるケースもあり、キノコではサンプル間の差が非常に大きかった。いずれも、測定値を見て食べるか否かを判断したほうがよい。

今後の対策としては、土壌汚染マップの作成、耕起や粘土鉱物などによる放射性物質の封じ込め、水管理、栽培作物の工夫などを、これまでの調査・研究に基づいて述べている。これらは、第1章や第2章の報告と考察とも軌を一にした土の力、農の力であり、本年度以降の営農に大いに示唆を与える。

また、二〇一二年四月に改訂される放射性セシウムの新基準案に対して、日本の食文化をふまえた私案も提案した。多く摂取する米や野菜、そして乳児用食品により厳しい基準値を設けることは、広く賛同を得られるのではないだろうか。

## 1 市民放射能測定所が生まれた

東京電力福島第一原子力発電所の放射能漏れ事故後、放射能汚染は北半球全体に拡散していく。年間外部被曝量が一ミリシーベルトを超えると予想される地域は、福島県のみならず、宮城県、栃木県、茨城県、群馬県、千葉県、東京都にまで広がった。

早急な放射能汚染の検査体制確立が必須であり、文部科学省や福島県はモニタリングを始めた。だが、事故を想定した準備はできておらず、モニタリング体制の確立が後手後手にまわったことは否定できない。もっとも汚染が深刻な福島県では、行政の対応を待っていられない民間団体が独自に放射能測定に着手した。そのひとつが市民放射能測定所(http://www.crms-jpn.com/cat/mrdatafood.html)だ。

市民放射能測定所は、自らの健康を守るための測定を自ら行い、放射線防護の知識を身につけて判断する市民機関として、二〇一一年八月から福島市を拠点に活動を本格化した。同年一二月末現在、郡山市(二カ所)、いわき市、南相馬市、伊達市、二本松市、須賀川市、田村市に広がり、農産物のセシウム汚染モニタリングを行っている。二〇一二年早々には、籾殻、草木灰、堆肥、有機肥料など農業資材のモニタリングにも着手した。

現在、三〇人以上のボランティア活動によって支えられているが、大学で物理学や原子核工学を学んだ者はいない。一般市民が高校の物理と化学を再び勉強しながら、モニタリングを行っている。中心メンバーに有機農業者が多いのも特徴である。

## 2 用語と測定の基礎

放射能を理解するには、最低限の基礎知識が必要である。本論に入る前に、用語と測定の基礎を解説しよう。

①用語と単位の基礎

蛍光灯にたとえると、蛍光灯が放射能で、蛍光灯から出る光が放射線に相当する。蛍光灯の能力をワットで示すのに対して、放射能はベクレルで示す。蛍光灯の明るさはルクスで示すのに対して、放射線の強さは時間あたりマイクロシーベルトで示す。また、蛍光灯、白熱灯、LED(発光ダイオード)電球と多くの光源があるように、放射能をもつ物質も多い。それを放射性物質(または放射性核種)という。

今回の原発事故で大量に放出された放射性物質には、キセノン、ヨウ素、テルル、セシウムなどがある。放出された主要なセシウムはセシウム134とセシウム137、主要な

ヨウ素は ヨウ素131である。この134、137、131は質量数で、原子核に存在する陽子と中性子の合計、すなわち原子核の重さを意味する。

②放射線の測定

放射線にはアルファ線、ベータ線、ガンマ線などがある。サーベイメーターは小型で携帯可能な放射線測定器で、放射性物質または放射線の数と種類が簡便にわかる。そのひとつがガイガーカウンターだ。不活性ガスを封入した管に放射線が入ると電流が流れることを利用して放射線の数を数え、時間あたりマイクロシーベルトに変換する。ただし、ヨウ素やセシウムといった放射性核種はわからない。アルファ線、ベータ線、ガンマ線のどれを測るのか、核種を特定するかなど、目的に応じてサーベイメーターを選択する。

③放射能の測定

セシウム134、セシウム137、ヨウ素131からは、ガンマ線が放出される。ガンマ線の計測によってサンプル中のセシウム134、セシウム137、ヨウ素131を求め、農産物kgあたりのベクレルに変換する。ベクレルとは一秒間に崩壊する放射性物質の数である。なお、天然にも放射性物質は存在し、放射性カリウム40がもっとも多い。

測定方法のひとつがゲルマニウム半導体検出器を使ったもので、検出器をガンマ線が通過する際の電離作用を利用する。ピークとピークの分解がきわめて優れ、放射性物質を特定する能力に優れているが、鉛や銅による遮蔽を行って環境からの放射線を完全に遮断しなければならない。遮蔽を入れると、一台一〇〇〇万円以上する。

もうひとつがヨウ化ナトリウム蛍光検出器を用いる方法で、ガンマ線が検出器を通過したときに出る蛍光を測定に利用する。値段は遮蔽を入れても一台一五〇万〜四〇〇万円なので、市民によるモニタリングに適している。ただし、ピークとピークの分解が悪いのが難点だ。別途ゲルマニウム半導体検出器によって、サンプル中の主要放射性核種を定期的に確定しておく必要がある。

なお、ストロンチウム90はベータ線しか放出しない。また、プルトニウムの特定にはアルファ線を測定しなければならない。測定の前処理として、まずストロンチウム90やプルトニウムをサンプル中から抽出する必要がある。抽出は、いまのところ専門機関しかできない。

## 3 放射能の「見える化」の意義

有機農業者はこれまで、農薬と化学肥料を使わない有機栽培に誇りをもって取り組んできた。その誇りが一夜にして砕かれ、豊穣な農地が放射能で汚されてしまったと感じた有機農業者も少なくないだろう。

放射能は見えないし、味も匂いもしない。五感ではまったく感知できない。一方、測定器を使えば高感度に検出できる。しかし、二〇一一年三月から五月にかけてはガイガーカウンターさえ品薄で、どうしていいかわからない状態が続いた。福島県では四月一五日に有機農業者たちが事故後はじめて集まった。当時、ヨウ素131による汚染でほとんどの葉物野菜は出荷停止。測定手段はまだなく、放射能とどう対峙してよいか、手がかりすらほとんどなかった。不安と葛藤のなかで耕す日々がしばらく続く。

七月に入ると、状況が大きく動き出した。ドイツ・ベルトールド社製のLB200(通称、簡易ベクレルモニター)が導入されたからだ。LB200はガイガーカウンターと異なり、ヨウ化ナトリウム蛍光検出器によってガンマ線総量(一kgあたりベクレル)を測定できる(人工核種であるセシウム134、セシウム137、ヨウ素131と、天然に存在するカリウム40の識別はできない)。メーカーによると、検出限界は一kgあたり二〇ベクレルだ(価格は約一五〇万円)。

早速、地元産野菜を中心に測定すると、天然の放射性カリウム40を含めても、ほとんど一kgあたり一〇〇ベクレルを超えなかった。それから八月まで測定依頼がもっとも多かったのは、自給菜園で野菜を作っていたお年寄りである。孫や親類にせっかくの収穫物を食

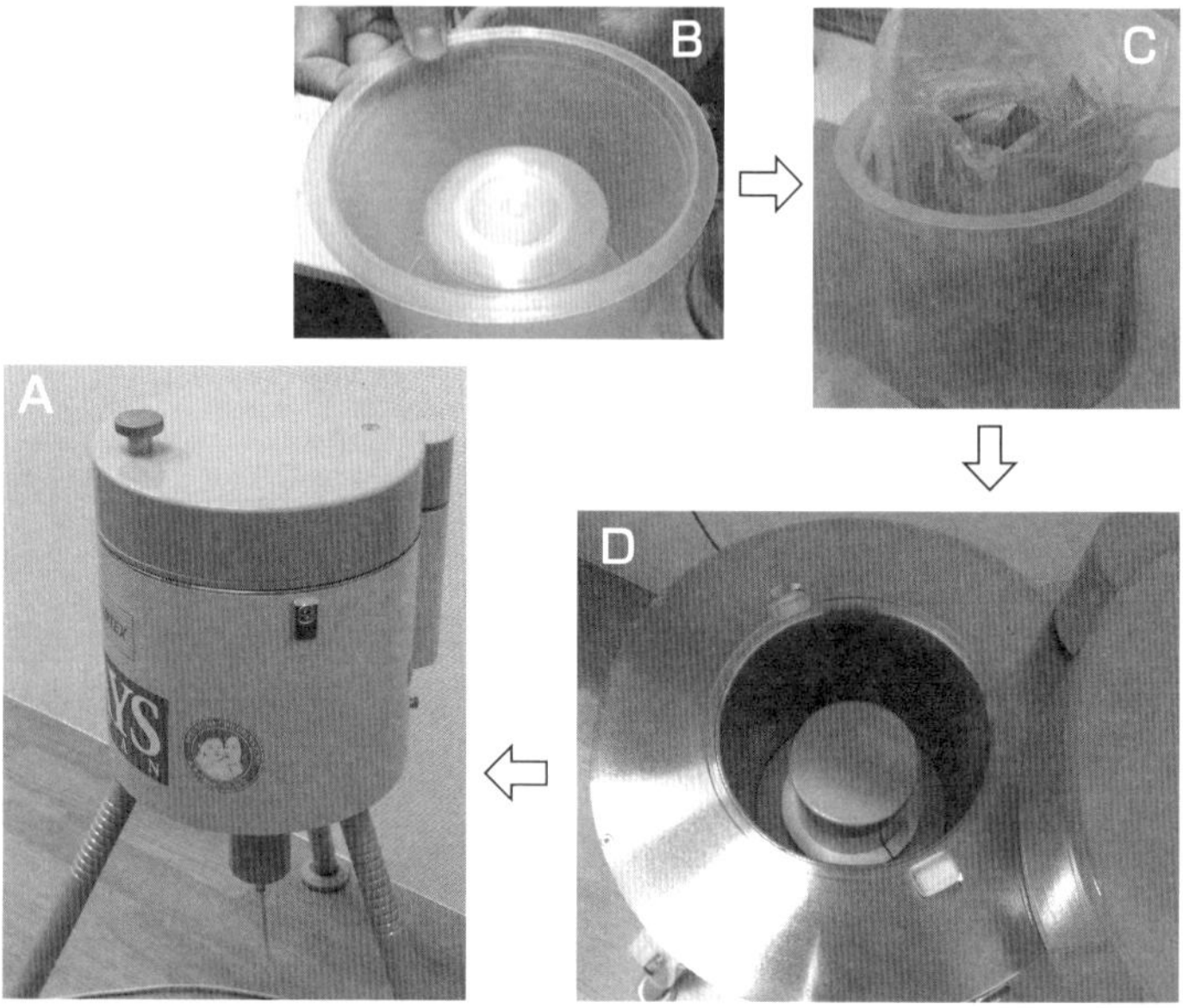


写真１　ヨウ化ナトリウム蛍光検出器による農産物中のガンマ線測定の例（AT1320A機使用）

A：全体、B：サンプルを入れる特殊な形状のマリネリビーカー（1ℓ）、C：ビニール袋を敷いてサンプルを詰めたところ、D：中心がヨウ化ナトリウム蛍光検出器で、周辺とふたが遮蔽部分。

べてもらえず、困っていたからだ。放射能の「見える化」によって家族内の話し合いができるようになったと、大いに喜ばれた。

　秋になると、簡易ベクレルモニターでは数値が低く表れることがわかってきたので、ヨウ化ナトリウム蛍光検出器で、カリウム40の影響を除いた原発事故による放射能汚染値を明らかにすることにした。最初に導入したのがベラルーシ・ＡＴＯＭＴＥＸ社製のＡＴ１３２０Ａ機で、次が応用光研工業製のFNF-401だ。市民放射能測定所では、一ℓのマリネリビーカーを挿入して三〇分計測し、農産物中のガンマ線を求めている(写真1)。

## 4 汚染度が低かった福島県産農産物

以下では、市民放射能測定所が二〇一一年九月初めから一二月四日までに分析した、おもな農産物の測定結果を示す。ほとんどは福島県在住の農家や市民が持ち込んだ、福島県産である。ごく一部に、宮城県から持ち込まれたもの、スーパーの購入品、福島県外産(もらいもの)があった。

①野菜

白菜とねぎの結果を表1に示す。白菜は一五サンプル、ねぎは一三サンプルを分析した。セシウム134とセシウム137の合計値は、白菜では〇~一二ベクレルの範囲にあり、平均値は四ベクレル、ねぎでは三~一五ベクレルの範囲にあり、平均値は五ベクレルであった(いずれも一kgあたり。以下同じ)。

表1 福島県産葉菜類の放射性セシウム濃度

| 野菜 | 放射性物質 | 最小値 | 平均値 | 最大値 |
|---|---|---|---|---|
| 白菜 | セシウム 134 | 0 | 1 | 5 |
| | セシウム 137 | 0 | 3 | 7 |
| | 合計値 | 0 | 4 | 12 |
| ねぎ | セシウム 134 | 0 | 2 | 7 |
| | セシウム 137 | 0 | 4 | 9 |
| | 合計値 | 3 | 5 | 15 |

(注)ベクレル /kg、2011 年 12 月 4 日時点。

表2　福島県産根菜類の放射性セシウム濃度

| 野菜 | 放射性物質 | 最小値 | 平均値 | 最大値 |
|---|---|---|---|---|
| 大根 | セシウム134 | 0 | 1 | 6 |
| | セシウム137 | 0 | 3 | 8 |
| | 合計値 | 0 | 4 | 13 |
| 玉ねぎ | セシウム134 | 0 | 2 | 4 |
| | セシウム137 | 0 | 3 | 5 |
| | 合計値 | 0 | 4 | 10 |
| 人参 | セシウム134 | 0 | 1 | 3 |
| | セシウム137 | 0 | 4 | 6 |
| | 合計値 | 0 | 4 | 10 |

(注)ベクレル/kg、2011年12月4日時点。

大根、玉ねぎ、人参の結果を表2に示す。大根は一八サンプル、玉ねぎは一三サンプル、人参は五サンプルを分析した。セシウム134とセシウム137の合計値は、大根では〇～一三ベクレルの範囲にあり、平均値は四ベクレル、玉ねぎと人参では〇～一〇ベクレルの範囲にあり、平均値は四ベクレルであった。

このように、野菜については、セシウム134とセシウム137の合計値が二〇ベクレルを超えたサンプルは皆無であった。

②イモ類

ジャガイモとサツマイモの結果を表3に示す。ジャガイモは四〇サンプル、サツマイモは一四サンプルを分析した。セシウム134とセシウム137の合計値は、ジャガイモでは〇～三九ベクレルの範囲にあり、平均値は七ベクレル、サツマイモでは二～二七ベクレルの範囲にあり、平均値は九ベクレルである。イモ類では、セシウム134とセシウム137の合計値が四〇ベクレルを超えるサンプルは皆無であった。

### ③果樹

落葉果樹である柿、リンゴ、キウイフルーツ、ブドウの結果を表4に示す。柿は四〇サンプル、リンゴは二八サンプル、キウイフルーツは一〇サンプル、ブドウは七サンプルを分析した。セシウム134とセシウム137の合計値は、柿では三～一七七ベクレルの範囲にあり、平均値は五三ベクレル、リンゴでは九～六〇ベクレルの範囲にあり、平均値は三〇ベクレル、キウイフルーツでは七～六一三ベクレルの範囲にあり、平均値は一

表3　福島県産イモ類の放射性セシウム濃度

| イモ類 | 放射性物質 | 最小値 | 平均値 | 最大値 |
|---|---|---|---|---|
| ジャガイモ | セシウム 134 | 0 | 3 | 17 |
| | セシウム 137 | 0 | 5 | 22 |
| | 合計値 | 0 | 7 | 39 |
| サツマイモ | セシウム 134 | 0 | 4 | 12 |
| | セシウム 137 | 0 | 5 | 15 |
| | 合計値 | 2 | 9 | 27 |

(注)ベクレル /kg、2011 年 12 月 4 日時点。

表4　福島県産落葉果樹の放射性セシウム濃度

| 果　樹 | 放射性物質 | 最小値 | 平均値 | 最大値 |
|---|---|---|---|---|
| 柿 | セシウム 134 | 0 | 23 | 87 |
| | セシウム 137 | 3 | 30 | 100 |
| | 合計値 | 3 | 53 | 177 |
| リンゴ | セシウム 134 | 3 | 13 | 26 |
| | セシウム 137 | 6 | 17 | 34 |
| | 合計値 | 9 | 30 | 60 |
| キウイフルーツ | セシウム 134 | 3 | 57 | 271 |
| | セシウム 137 | 4 | 73 | 342 |
| | 合計値 | 7 | 130 | 613 |
| ブドウ | セシウム 134 | 3 | 8 | 24 |
| | セシウム 137 | 4 | 12 | 30 |
| | 合計値 | 8 | 21 | 53 |

(注 1)ベクレル /kg、2011 年 12 月 4 日時点。

(注 2)柿の最大値を記録したサンプルは同一ではないので、合計は 187 にならない。

三〇ベクレル、ブドウでは八～五三ベクレルの範囲にあり、平均値は二一ベクレルであった。合計値はキウイフルーツ、柿、リンゴ、ブドウの順で高く、キウイフルーツと柿では一〇〇ベクレルを超えるサンプルも見つかった。

常緑果樹は、福島県には限られた種類しかない。ユズが七点ともっとも多く分析され、最高値は一〇〇〇ベクレルを超えた。

④米

米は主食であるから、玄米・精米あわせて三二九サンプルと多くの数を分析した。

表5　福島県産の玄米・精米の放射性セシウム濃度

| 放射性物質 | 最小値 | 中央値 | 平均値 | 最大値 |
|---|---|---|---|---|
| セシウム 134 | 0 | 4 | 7 | 211 |
| セシウム 137 | 0 | 5 | 9 | 248 |
| 合計値 | 0 | 8 | 16 | 459 |

(注)ベクレル /kg、2011 年 12 月 4 日時点。

図１　玄米と精米の放射性セシウム合計値の頻度分布

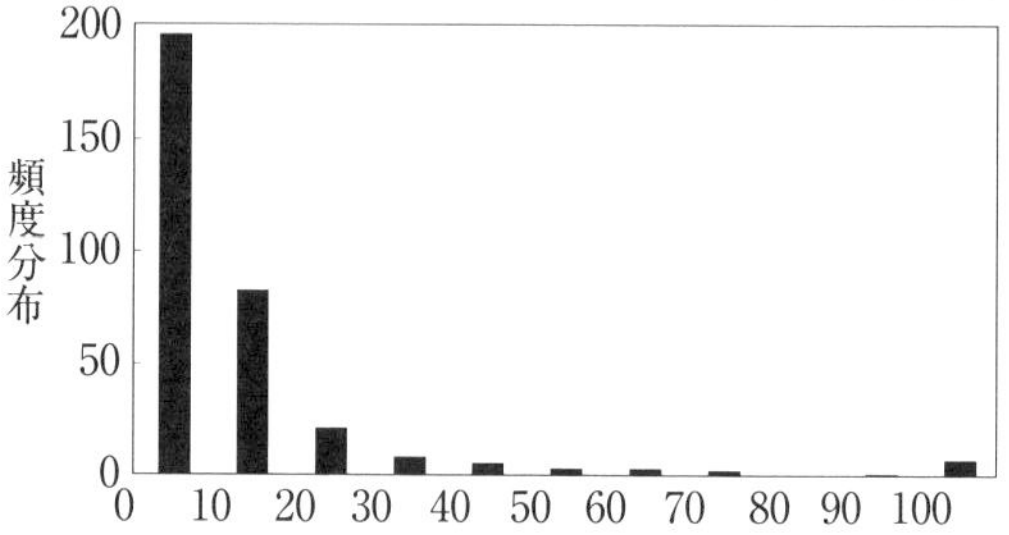

(注)ベクレル /kg、2011 年 12 月 4 日時点。

表５に示すように、セシウム１３４とセシウム１３７の合計値は〇～四五九ベクレルの範囲にあり、中央値(サンプルを大きい値から小さい値に並べたときの真ん中の値)は八ベクレル、平均値は一六ベクレルであった。

図１に、セシウム１３４とセシウム１３７の合計値の頻度分布を示す。一〇ベクレル未

満が一九〇サンプル（五八％）、一〇～二〇ベクレルが八二サンプル（二五％）で、あわせて八三％を占めた。一〇〇ベクレルを上回ったのは七サンプルで、全体のわずか二％にすぎなかった。

⑤キノコ

自然に育った木に直接、種菌を打ち込んで育てた原木栽培と天然の各種キノコのセシウム濃度を表6に示す。キノコは最小値が一〇ベクレルにすぎないのに対して、中央値は一二五ベクレル、平均値は六八六ベクレル、最大値は三八〇〇ベクレルと高かった。サンプル間の差が非常に大きく、測定したうえで食べるか食べないかを決めることがぜひとも必要である。

表6　福島県産原木キノコ・天然キノコの放射性セシウム濃度

| 放射性物質 | 最小値 | 中央値 | 平均値 | 最大値 |
|---|---|---|---|---|
| セシウム 134 | 4 | 56 | 310 | 1,680 |
| セシウム 137 | 5 | 70 | 376 | 2,120 |
| 合計値 | 10 | 125 | 686 | 3,800 |

（注）ベクレル /kg、2011 年。

いわき市・南相馬市など太平洋側に位置する浜通り、福島市・郡山市・白河市などを含む中通りの農地土壌では、セシウムの合計値が土壌一kg（一〇五℃で二四時間乾燥）あたり一〇〇〇～五〇〇〇ベクレル、一㎡あたりでは一〇万～五〇万ベクレルという汚染地域が多い。それでも、農民は耕した。安全性をめぐっての家庭内の争い、農作業中の外部被曝、収穫物の汚染、そして販売できるかどうかなど、心配と不安は計り知れなかったであろう。

その結果は、ここまで示したように、夏から秋に収穫した野菜、イモ類、米では、放射性セシウムがほとんど四〇ベクレル以下と、心配と不安を大きく下回った。一方、果樹では三～一〇〇〇ベクレル以上と、樹種とサンプルによって大きく異なっていた。

## 5 福島とベラルーシの農産物汚染の比較

旧ソ連のチェルノブイリ原子力発電所四号機の爆発事故で放射能漏れが起こったのは、一九八六年四月二六日である。世界最悪の原子力発電所事故といわれ、放射能は世界中に拡散した。最大の汚染を被ったのは、現在のベラルーシ、ウクライナ、ロシアである。だが、事故後の農産物の汚染状況についてのデータは、残念ながら見あたらない。情報は国家によって厳しく統制され、十分に開示されなかったと考えられる。また、日本と同じく事故前には農産物の汚染モニタリングが準備できておらず、整備されるまでに数年かかったようだ。

表7に、ベラルーシにおける食品の種類別セシウム137許容値（一九九二年改訂）と、事故後七年目（一九九三年）にブレスト州・ゴメリ州・モギリョフ州（図2）で許容値を上回

表7　ベラルーシにおける1992年の食品の種類別セシウム137許容値とブレスト州・ゴメリ州・モギリョフ州で1993年に許容値を上回った食品の割合

| 種　類 | サンプル数 | 1992年の許容値（ベクレル/kg） | 1993年に許容値を上回った割合（%） |
|---|---|---|---|
| キノコ（生） | 133 | 370 | 80.5 |
| クランベリー | 429 | 185 | 62.7 |
| ブラックベリー | 1,383 | 185 | 61.0 |
| 野生肉 | 125 | 600 | 58.4 |
| 乾燥キノコ | 459 | 3,700 | 57.7 |
| 牛乳 | 19,111 | 111 | 14.9 |
| ラズベリー | 154 | 185 | 11.7 |
| 鯉 | 152 | 370 | 11.2 |
| 水 | 2,141 | 185 | 8.8 |
| イチゴ | 389 | 185 | 6.4 |
| 人参 | 1,439 | 185 | 5.8 |
| キャベツ | 590 | 185 | 4.4 |
| 牛肉 | 297 | 600 | 3.7 |
| キュウリ | 433 | 185 | 3.2 |
| トマト | 141 | 185 | 2.8 |
| 梨 | 208 | 185 | 2.4 |
| リンゴ | 1,547 | 185 | 2.3 |
| 玉ねぎ | 435 | 185 | 2.1 |
| 豚肉 | 969 | 600 | 2.0 |
| バター | 51 | 370 | 2.0 |
| ジャガイモ | 4,996 | 185 | 1.6 |

った食品の割合を示した。この三州はチェルノブイリ原発事故で深刻な放射能汚染を被った地域で、福島県に匹敵すると考えてよい。データは、市民放射能測定所に相当するベルラド放射能安全研究所が測定した。

当時のセシウム137の許容値は、牛乳が一一一ベクレル、キノコ（生）・鯉・バターが三七〇ベクレル、牛肉・豚肉・野生肉が六

図2　ベラルーシとチェルノブイリの位置

○○ベクレル、乾燥キノコが三七○○ベクレル、それ以外は一八五ベクレルである。キノコ（生）、クランベリー、ブラックベリー、野生肉、乾燥キノコでは、許容値を上回った割合が五○％を超えている。牛乳、ラズベリー、鯉でも、一○～一五％が許容値をオーバーした。事故から七年が経っても、深刻なセシウム汚染が継続していたのである。

福島の一年目のセシウム汚染は、ここまで深刻ではない。なぜ、ベラルーシでは、これほど深刻なセシウム汚染が継続したのだろうか。

ひとつの仮説として、ベラルーシでは（ウクライナやロシアも）農地が広大で、人口密度が低く、農業が粗放的であったことが考えられる。これに対して、日本は人口密度が高く、狭い農地を集約的に管理してきた。一km²あたり人口密度は、ベラルーシの五○人（ウクライナ七九人、ロシア八人）に対して、日本は三三六人である。粗放農業と集約農業の違いが土壌のpH、カリウム含量、塩基置換容量（土壌中の粘土鉱物・有機物がもつマイナス荷電が塩基（陽イオン）を保持する能力）の違いとなり、食品汚染の違いにつながった可能性がある。今後のさらなる検討が待たれるところだ。

## 6 そもそも土の中はどうなっているのか

セシウムはカリウムと同じアルカリ金属に属し、性質が似ている。水に溶けると一価の陽イオンとなる。土壌中では、原子炉から放出されたままの微粒子の状態、水に解けた状態、粘土鉱物や有機物に吸着された状態(1)、粘土鉱物に固定された状態(2)、微生物や小動物に取り込まれた状態のいずれかで存在すると考えられる。

日本には多くの種類の粘土鉱物が存在する。そのなかで、雲母が風化したバーミキュライトやイライトはセシウムを固定する高い能力をもつ。それ以外のモンモリナイト、カオリナイト、アロフェンなどや有機物はセシウムを固定する能力をもたず、吸着した状態で保持する。

一kgの土壌あたり一〇〇万ベクレルのセシウムで汚染されていれば、人体にとって危険である。一方で、一〇〇〇ベクレルのセシウムで汚染された土壌は、浜通りや中通りには普通に見られる。では、植物にとって必須元素であるカリウムと比べて、セシウムはどれくらい存在するのであろうか。

表8　セシウム137とカリウム39の放射能とモルの比較

| 元素 | ベクレル/kg | モル/kg | カリウム39/セシウム137比 |
|---|---|---|---|
| セシウム137 | 1,000,000 | $2.3 \times 10^{-9}$ | $3.6 \times 10^{-7}$ |
| セシウム137 | 1,000 | $2.3 \times 10^{-12}$ | $3.6 \times 10^{-10}$ |
| カリウム39 | 0 | 0.0064 | — |

（注1）$10^{-9}$は10億分の1、$10^{-10}$は100億分の1、$10^{-12}$は1兆分の1、$10^{-13}$は10兆分の1。

（注2）カリウム39は土壌中にもっとも多く存在するカリウムの形態で、放射能はもたない。

日本では、一kgあたり三〇〇mgの加里（$K_2O$）が存在する農地土壌はごく普通にある。これをモルに直すと、〇・〇〇六四モルになる。一モルとは6・02×$10^{23}$個の原子数で、カリウム39では三九g、セシウム137では一三七gに相当する。$10^{23}$個とは一兆の一〇〇億倍という膨大な数である。土壌に存在するセシウム137をモルに直すと、一〇〇万ベクレルもの汚染であっても一〇億分の一モル程度、一〇〇〇ベクレルであれば一〇兆分の一モルにしかならない。

したがって、〇・〇〇六四モルのカリウムと比率を取ると、一〇〇万ベクレルは一〇〇〇万分の一レベル、一〇〇〇ベクレルは一〇〇億分の一レベルしか土壌に存在しない（表8）。放射性セシウムが出すガンマ線は、それほど微量でも高いエネルギーをもつので人体に有害であるが、感知できない。それは高いエネルギーをもつがゆえに、高感度で分析できる。

それでは、土壌がある程度汚染されているのに、危惧されたよりもはるかに低いセシウムしか米や野菜に移行しなかったのは、なぜだろう。それは、粘土鉱物の存在だけでは説明できない。では、土壌のカリウム含有量が重要だったのだろうか？　土壌は、粘土鉱物、有機物、微生物、小動物、水、ミネラルを含む、生きた複合体といわれる。土壌の威力が放射能に勝ったのだろうか？

そもそもセシウムが土壌にどのような形態で存在しているか、解明の途中である。確定的なことは、まだわからない。

カリウムは植物の必須元素であるが、セシウムは必須元素でない。セシウムはカリウムと性質が似ているので、植物はカリウムと間違ってセシウムを吸収すると考えられるが、詳しいメカニズムの解明は今後にかかっている。

## 7 今後の放射能汚染対策

二〇一一年の農産物の放射性セシウム濃度が総じて予想外に低かったことは、非常に喜ばしい。だが、一年目の結果をもって、二年目以降もよい方向に向かうとは断定できない。一年目の傾向が継続するかの注意深いモニタリングと、さらなる対策が必要である。

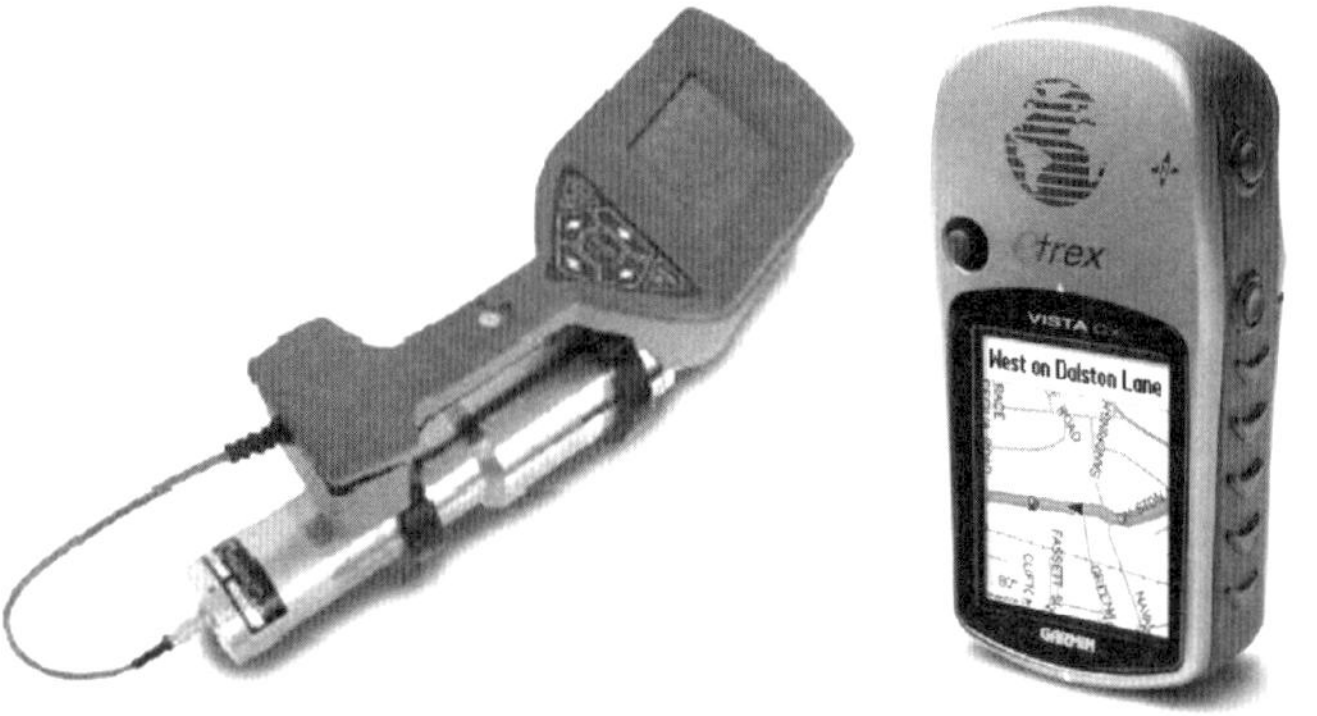


写真２　移動測定用放射性核種分析装置（アメリカBNC社：左がヨウ化ナトリウム検出器、右が地理情報（GPS）システム）

## ◆セシウム137の詳細な土壌汚染マップの作成

早急にセシウム１３７の詳細な土壌汚染マップを作成しなければならない。土壌汚染マップは汚染状況の把握に役立ち、ベラルーシ、ウクライナ、ロシアで作成された。ただし、国が行っている航空機やヘリコプターによる粗い方法ではなく、地上で水田・畑ごとに、農民や住民が主体となって行うべきである。

写真2に、その機器の例を示した。アメリカBNC社製のヨウ化ナトリウム検出器と地理情報（GPS）システムの組み合わせで、移動しながら各地点の土壌汚染を測定できる。土壌を採取する必要はない。軽トラックやトラクターなどに装着すれば、きわめて効率的に水田や畑ごとの汚染マップが作成できる。さらに、毎年一回定期的に測定していけば、セシウム１３７の濃度が低減しているのか、変わら

ないのか、悪化しているのか、判断できる。

## ◆放射性物質は「閉じ込め」が基本

現在、国や福島県によって表土を除去する除染実験が行われている。しかし、表土は農家にとって生命線であり、除去してしまえば、仮に汚染濃度は低下しても作物はよく育たない。したがって、高濃度汚染地帯や特殊な場合を除き、除染は受け入れられない。しかも、膨大な量の汚染土壌の最終処分場は存在しないから、大面積の表土除去は非現実的である。土の中にセシウムを「閉じ込め」る方法がもっとも現実的だし、貴重な作土を失うこともない。

すでに明らかになったように、植物などで土壌中のセシウムを吸い出す方法は効果が非常に低い。仮に吸い上げたとしても、汚染植物の処分場所は確定していない。また、微生物や化学物質を使って放射能を「消そう」とする試みがあるが、放射能を消すことはできないので、信じてはいけない。「閉じ込め」の具体的な方法は、次の三点が考えられる。

①プラウによる反転耕

表面に沈着したセシウムが作土層全体に希釈され、土壌自体が放射線の遮蔽効果をもつので、望ましい。

②粘土鉱物などによる吸着と固定

固定は「閉じ込め」の最強手段であるので、バーミキュライトなど雲母が風化した粘土鉱物を土に鋤き込むのは、もっともよい方法である。バーミキュライトは吸着も固定もする。ゼオライトはセシウムを吸着するが、固定しない。珪藻土についてはまだ不明の点が多い。今後、これらの品質、施用量、コストについて検討していく必要がある。

③肥料や堆肥の適切な施用

カリウムが不足すると、セシウムの吸収が促進される。土壌が酸性に傾いても、セシウムの吸収が促進される。土壌診断を行って土壌一kgあたり三〇〇mgよりカリウムが大幅に不足する場合は、カリウムを含む肥料や堆肥を施用したり、土壌の酸性度を石灰などでpH6・0〜6・5に矯正する。また、アンモニアはセシウムと競合して吸着や固定されるので、セシウムが植物に吸われやすくなることが危惧される。有機肥料や堆肥の過剰施用は慎みたい。

### ◆灌漑水や堆肥による汚染を防ぐ

相馬市や南相馬市などの水源地は、高濃度汚染地帯である。その他の市町村も水源地は奥山や里山であり、大きな河川になればなるほど、大雨のたびにセシウムが多く流れ込む可能性を否定できない。水田など灌漑水を多量に使う場合には、灌漑水を通じて農地の汚染が高まらないように細心の注意を払わなければならない。堆肥についても、一〇aあたり数トンレベルの多量施用は慎もう。具体的には、以下の五点が考えられる。

①梅雨入りを待ち、雨水で代掻きを行い、足りない分だけを灌漑水で補う。代掻き水を川へ流すと下流の汚染になるので、流さなくても田植えできるように段取りする。代掻きは可能なかぎり入念に行い、水持ちをよくする。

②大雨後の濁った水は絶対に水田に入れず、灌漑に使わない。スペースの余裕があれば水田の一部に、なければ水路にビオトープを設置し、籾殻、ゼオライト、炭、珪藻土を使って浄化した水を灌漑に使う。とくに、高濃度汚染米が見つかった水田は総じて周辺を里山に囲まれた谷津田で、水溶性セシウムや汚染された落ち葉が直接入った可能性があるので、慎重に対処する。たとえば、谷津田の最上段の水田をビオトープとして籾殻やゼオライトなどを水口に入れたり、水口で里山からの土砂や落ち葉が留まるように水をゆっくり流したり、葦《あし》などを生やして水の流れを遅くする。

③緑肥を積極的に導入し、外部からの資材投入にともなう放射能の持ち込みを避ける。

④圃場から穫れた籾殻や稲わらなどの残渣を返しても、汚染は悪化しない。未利用残渣は積極的に還元しよう。

⑤圃場外部から投入する資材（有機肥料、堆肥、炭、草木灰など）は、必ず放射能測定を行ってから利用する。

### ◆栽培作物を工夫する

二〇一一年に高濃度のセシウム（一kgあたり一〇〇ベクレル以上）が農作物に移行した水田や畑では、今後の栽培方針の選択が迫られる。前述の土壌汚染マップでセシウム137の高濃度汚染が明らかになった水田や畑も、同様である。

汚染が見つかった作物から、セシウムを吸収しにくい作物に、種類を変更しよう。チェルノブイリの経験では、セシウムを吸収しにくい作物として、きゅうり、トマト、なすが知られている。また、セシウムは水によく溶けるが油には溶けないので、菜種やヒマワリなどの油には移行しない。これらの作物を育てて油を搾るのもよい。

セシウム濃度は、野菜、イモ類、稲などの一年生作物よりも、永年生果樹で高かった。もっとも高かったのは常緑果樹のユズで、直接葉に吸収されて果実に移行したためであろう。次に高かったのは落葉果樹のキウイフルーツ、柿、リンゴ、ブドウである。これらは、葉に比べて表面積が小さい樹皮に吸収されて果実に移行したためであろう。また、永年作物では土を耕さないので、土壌表面のセシウムが菌根菌などの共生微生物や果樹の根によって吸収された可能性もある。

今後の対策としては、①樹皮を剥ぎ、剪定した枝とともに果樹園の外に持ち出す、②下草を刈って果樹園の外に持ち出す、③常緑果樹では緑の葉も刈り取って果樹園の外に持ち出すなどが考えられる。ただし、これらの生育へのマイナスの影響も含めて検討すべきである。

## ◆日本の食生活に応じたきめ細かい基準値を設ける

ベラルーシもウクライナも、日本のように多くの外貨を保有していない。チェルノブイリ原発事故後も自国産の農産物を食べるしか選択肢がなかったであろう。二五年に及ぶ経験をとおして、両国では食品ごとにきめ細かいセシウム137の許容値が設定されていった。

いずれも飲料水がもっとも厳しく、ウクライナでは二ベクレル、ベラルーシでは一〇ベクレルである。以下、厳しい順に、ベラルーシでは幼児用食品、パンと果物、チーズ、ジャガイモ、牛乳・野菜・バター、ウクライナでは、パン、野菜と幼児用食品、ジャガイモ、果物、牛乳と続く(表9)。一方、キノコでは乾燥ものの許容値も存在し、生の五〜七倍で、日本の暫定規制値よりも緩い。

表９　ベラルーシとウクライナのセシウム137の基準値と日本の新基準値の比較　（ベクレル/kg）

<table>
<tr><th>品　目</th><th>ベラルーシ<br>1999年</th><th>ウクライナ<br>2006年</th><th>日本*<br>2012年</th><th>日本のあるべき<br>改定値（案）*</th></tr>
<tr><td>飲料水</td><td>10</td><td>2</td><td>10</td><td>10</td></tr>
<tr><td>パン・ご飯</td><td>40</td><td>20</td><td rowspan="6">100</td><td>20</td></tr>
<tr><td>玄米</td><td>―</td><td>―</td><td>40</td></tr>
<tr><td>豆類</td><td>―</td><td>―</td><td>100</td></tr>
<tr><td>野菜・海藻</td><td>100</td><td>40</td><td>50</td></tr>
<tr><td>果物</td><td>40</td><td>70</td><td>100</td></tr>
<tr><td>魚・貝類</td><td>―</td><td>150</td><td>100</td></tr>
<tr><td>牛乳</td><td>100</td><td>100</td><td>50</td><td rowspan="3">50</td></tr>
<tr><td>バター</td><td>100</td><td>200</td><td rowspan="7">100</td></tr>
<tr><td>チーズ</td><td>50</td><td>200</td></tr>
<tr><td>牛肉</td><td>500</td><td>200</td><td rowspan="2">100</td></tr>
<tr><td>鳥肉・豚肉</td><td>180</td><td>200</td></tr>
<tr><td>キノコ（生）</td><td>370</td><td>500</td><td>500</td></tr>
<tr><td>キノコ（乾燥）</td><td>2,500</td><td>2,500</td><td>2,500</td></tr>
<tr><td>お茶、干物、<br>乾燥野菜など</td><td>―</td><td>―</td><td>1,000</td></tr>
<tr><td>幼児用食品**</td><td>37</td><td>40</td><td>50</td><td>30</td></tr>
</table>

＊日本はセシウム134とセシウム137の合計値。
＊＊日本は乳児用食品。

日本では二〇一二年四月に暫定規制値が改訂され、新しい基準値になる予定である。新基準値案では水・牛乳・乳児用食品が他の食品と分けられたが、摂取量や季節性といった日本の食文化を考慮した、より細かい基準値にするべきである。たとえば、乳幼児用食品は二〇ベクレル、主食の米は四〇ベクレル以下が望ましい。一方、キノコ、お茶、干物などには乾物の許容値を設けるべきであり、いたずらに厳しくすべきではない。さらに、食事あたりの放射性セシウム摂取量のモニタリングも重要である。

◆農業者の被曝を防ぐ

福島県の場合、会津では年間一ミリシーベルト、浜通りと中通りでは年間一～五ミリシーベルトの外部被曝(3)を我慢しなければ、農作業ができない。農業を継続するのであれば、農業者はこの事実を十分自覚し、荒起こしの際や風が強いときにはマスクを着用するなど内部被曝しないように留意しなければならない。そして、定期的に体内に残留する放射性セシウムの量をホールボディーカウンターで検査する体制の整備が不可欠である。

(1) 粘土鉱物や有機物はマイナス電荷をもっているので、陽イオンとなったセシウムを吸着する。
(2) バーミキュライトやイライトは層状のシートの間やシートの端(フレイドエッジサイト)にカリウムやセシウムを固定する。一度固定されると、植物や微生物はほとんど利用できない。
(3) 福島県内の空間放射線量は二〇一二年二月現在、おおむね毎時〇・一～一マイクロシーベルトの範囲にある。時間あたりの外部被曝量が〇・一マイクロシーベルトであれば年間〇・九ミリシーベルトに、〇・五マイクロシーベルトであれば年間四・四ミリシーベルトに相当する。

〈謝辞〉

市民放射能測定所は、『DAYS JAPAN』編集長の広河隆一さん、(株)DAYS JAPAN、未来の福島こども基金、(株)カタログハウスをはじめ、多くの方々の募金やご厚意によって、測定器などさまざまな支援を受けてきた。この場を借りてお礼申し上げる。なお、ここで述べたことは個人的意見であり、市民放射能測定所の公式見解ではない。

# 第4章

# 農と都市の連携の力

第4章は、農に対する消費者からの応援と、農の意義を理解する流通、地域住民のための研究機関であろうとする地元大学の取り組みである。

放射性セシウムがほとんど検出されなくても、福島県の農産物を避ける人たちは多い。だが一方で、その農産物やそれらを作る農業者に賛同し、支援する人たちも少なくない。その存在は、苦しい状況におかれている生産者にとって、きわめて大きな励ましになる。

1では、二本松市で就農したばかりの著者が、風評被害に苦しむ農業者の代弁者として、インターネットや首都圏でどのように消費者とつながってきたかを報告した。その行動力には感服させられる。

2と3では、それに応えた販売ボランティアやNPOスタッフの熱い想いが綴られている。「農業という尊い仕事を応援したい」「第一次産業の生産者に感謝しつつ、原発のない持続可能な地域づくりにかかわっていきたい」というメッセージが、心を打つであろう。

流通は生産者と消費者の間を結ぶ大切な役割を果たす。生産者から少しでも安く仕入れようとすることのみを重視する流通機関が多いなかで、大地を守る会は生産者の立場を理解し、消費者との間の深いつながりをつくろうと努力してきた。今回の原発事故では、本来の責任が東京電力と国とあるにもかかわらず、生産者と消費者が分断されている。4は、それを乗り超えて両者のいい関係を取り戻し、さらに創造していこうとする試みである。新しい基準案への彼らの考え方もまとめられていて、参考になる。

国立大学は本来、地域の課題に答える研究・教育機関であるべきだ。福島大学では原発事故直後に「うつくしまふくしま未来支援センター」を構想し、被災地の復旧・復興の支援を行っている。

そのモデル的取り組みの実施主体が、第1章で詳しく言及した「ゆうきの里東和ふるさとづくり協議会」と、5で紹介した「放射能からきれいな小国を取り戻す会」である。ここでは、空間放射線量が高く、一部世帯が特定避難勧奨地点に指定された伊達市小国地区の状況と、うつくしまふくしま未来支援センターの活動および意義を報告した。

## 1 首都圏で福島県農産物を売る

齊藤　登

二〇一二年一月のある朝四時。一トン積みワゴン車二台には、福島県産農産物が満載されていた。ねぎ、白菜、大根、かぶなどの野菜、ゆべしや漬物などの加工品、和菓子……。いずれも、放射能について自主検査をして安全性が確認されているのに、風評被害で流通しにくくなったものだ。これから東京に、私が経営する二本松農園の若手スタッフ六人で販売に行くのである。

東京電力福島第一原子力発電所事故による避難指示区域（警戒区域）から避難してきた者。風評被害で栽培したキノコが売れず、冬の間だけ販売に参加している者。東京に住んでいたが、東日本大震災で故郷が心配になって帰郷した者。スタッフたちの多くは、震災で人生が大きく変わったけれど、その表情はすこぶる明るい。「今日も、東京では福島県産野菜を待つお客さんがいる」「この野菜を売れば、少しでも福島県の農家が助かる」と思うからだ。私は「雪の高速道路には気をつけて」と声をかけて、彼らを見送った。

## 1 農業を始めた翌年の震災と原発事故

私は福島県二本松市の農家の長男として生まれたが、実家を離れ、長くサラリーマン生活をしていた。しかし、歳を重ねるにつれ「自分で判断できる、自分の思うとおりの仕事をしてみたい」という気持ちが強くなり、二〇一〇年三月に五〇歳で職場を早期退職。実家に戻って、農業を始めた。といっても、農業の苦労は昔からよく知っている。めざしたのは、インターネットなどを使った販売、観光と結びつけた体験型農業などだ。

早速、新規就農希望者四名とともに、耕作放棄地を開墾した。だが、野菜の栽培は土が命。開墾したばかりの畑は、まだ土ができていない。夏の日照りも重なって、おもな作物であるきゅうりの収穫量は予定の五分の一だった。

今年こそはと思いを新たにした二〇一一年。三月一一日も、スタッフとともに開墾したばかりの畑で、野菜の種播きのために小さな耕耘機で畑を耕していた。午後二時四六分、地球全体が揺さぶられるような大きな揺れ。小山を開墾した畑を見ると、全体が揺さぶられているのがはっきり見てとれた。「山くずれが起きる」と思ったほどである。すぐに作業を止めて事務所に戻ると、他のスタッフと家族が怯えながら茫然と立ちつくしていた。

この地はかつて岩代の国と称されたように、岩盤が固い。だから、地震に強いと言われていた。実際、揺れは強かったが、地割れや建物の崩壊などの物理的被害はほとんど見られなかった。しかし、地震とともに停電が一週間続き、数日後にはガソリン不足も発生し、農作業はストップする。さらに、原発事故により浪江町など浜通りの人びとが次々と避難してきた。スタッフも農園に通えなくなる。

時間に余裕ができた私は、「何をしようか」と考えた。地元を離れて他都道府県に住んでいる人たちは、故郷の状況が気になっているはずだ。そこで、身近な地域の現状をブログで発信することに決める。こうして、壊れた建物や避難所の様子、ガソリン不足や停電の影響などを発信していった。すると、ブログと連動した農園のホームページへのアクセスは、震災前の一日二〇件程度から、五〇件、一〇〇件、五〇〇件、ついには一〇〇〇件へと急激に増えていったのだ。

私の手帳によれば、三月二一日には、原発事故による放射能の影響で、福島県のほとんどの地域で、ほうれん草、小松菜、ブロッコリーなどが出荷停止となる。農園でも、ほうれん草を約四〇a栽培していた。売り上げを四月のスタッフの給料にあてる予定だったため、目の前が真っ暗になった。

## 2 インターネット販売が評判に

このころから、「このままでは福島県の農家がダメになる。出荷停止になっていない福島県の野菜を買いたいので、送ってくれないか」という趣旨のメールがたくさん入り始める。試しに、三月三〇日に二本松農園に残っていた二〇一〇年産の米、五kg入り一〇袋を農園のネットショップに載せたところ、わずか三〇分で完売。「ネット上では予期せぬことが起きる」と思った私は、近くのハウスきゅうりの農家や有機野菜農家をまわった。

「売れなくなっている野菜はありませんか。試しにネットに載せてみませんか」

彼らは口をそろえて、こう言った。

「風評被害とやらで、出荷停止になっていない野菜までストップしている。市場に出してもほとんど値がつかない」

そこで、野菜の種類が少ない季節であったが、きゅうりや人参、そして山芋や米などを次々とネットショップに載せていったところ、ほとんどが数日で完売した。きゅうりの五kg入りが一日で三〇箱売れた日もあった。すでに福島県が定期的に野菜の放射能検査を行っており、もちろんそれをクリアしたものである。

こうした状況をブログで発信すると、それを見た全国のネット仲間——会ったことはないが、震災後にネット上で仲間になっていた――が、ツイッターでさらにネズミ算式に発信し、アメリカからも問い合わせが来た。さらに、NHKの「おはよう日本」、テレビ朝日の「報道ステーション」、読売テレビの「ミヤネ屋」など、全国ネットのテレビで紹介され、一日の注文額が一〇〇万円を超える日もあったほどだ。四月の一日平均注文額は約四〇万円である。毎日、宅配便のトラックが満載になるのを見て、私は心底驚いた。

「被災地を応援しようという気持ちに的確に答えるシステムをつくると、これほどまでにすごいのか」

## 3 風評被害に苦しむ農家

評判を聞きつけて、風評被害に苦しむ農家が私のところに福島県内各地から訪れだした。そのころ私は二本松農園の事務所に寝泊まりしていたが、四月のある朝起きて外に出ると、事務所の入口に見知らぬ女性がいる。

「どうしたの?」と声をかけると、彼女は目に涙を浮かべながら話した。

「奥会津の只見から来ました。観光客が減って、おみやげ用のゆべしが売れなくて困っています。このままではパートの人に辞めてもらうしかありません。助けてください」

只見は農園から約一〇〇㎞も離れている。

「事前に連絡いただければ、よかったのに」

「齊藤さんは農家を助けている。私は農家でないので、電話をしたら断られると思い、わざと電話しないで来ました」

「そんなことはないですよ。ゆべしだって原料は福島県産のもち米でしょ。そんなに困っているなら、いますぐネットに載せてみますか」

私がそう言うと、彼女の顔に安堵の表情が浮かんだ。

私はネットショップに農産物や商品を載せる場合、約一時間前に、その生産者はどういう状況にあり、どう困っているのか、その農産物や商品にはどんな特徴があるのかをブログで発信していた。そうすると、ブログを見た全国の人たちがいっせいに買ってくださる。

彼女の商店では、ゆべしのほか、味《あじ》味噌、あめ、そばなど観光客向けにあらゆるものを製造・販売しているという。そこで、急遽その場で組み合わせてつくったゆべしと味味噌のセット(四五〇〇円)を写真に撮り、ブログで知らせた後でネットショップに載せたところ、一時間あまりで一〇セット以上も売れた。彼女の顔が、みるみる明るくなっていく。

また、白河市の大規模野菜農家は取引していたスーパーに取引を断られ、数軒のしいたけ農家は首都圏への出荷ルートを止められていた。福島県産の花まで流通しにくくなるなど、このころ風評被害は広がりの一途をたどっていく。私は相談があればこうした農産物や商品をネットに掲載し、とにかく売って急場をしのぐ活動を続けた。

五月一七日には、ネットショップに参加している農家で、任意団体の「がんばろう福島、農業者等の会」を結成した。会という形になると、震災の現場で横の結束が生まれるだけでなく、応援する消費者にとっても、困っている農家のものが一覧でき、わかりやすい。

ただし、被災地に対する応援買いは、五月の連休を境に減少傾向を示す。ネットショップでの販売もピーク時の三分の一程度、一カ月の売り上げが四〇〇万円程度となった。これは仕方ないことで、応援・支援にも限界点というものがある。とはいえ、その後もネットを通じてお買い求めいただいている、いわゆるリピーターは一定の割合で存在しており、とても貴重だ。日常的に福島県産農産物をご利用いただくことが、長い目で見て福島県の復興につながるからである。

## 4 首都圏での直接販売を開始

ネットショップでの販売が減少傾向を示すころから、首都圏の復興イベントが増えてくる。企業、マスコミ、市民団体などが、被災地の農家などを東京に呼び、産品を直接販売する機会を設けるからだ。二本松農園にも依頼が多く寄せられ、五月以降は積極的に参加していく。東京の赤坂(港区)・八重洲(中央区)・調布市、千葉市、横浜市、川崎市、藤沢市などに呼んでいただいた。

もっとも、こうしたイベントでの販売は天候によって集客が左右されるし、購入者がリピーターにはなりえない。したがって、あまりコストをかけずに参加しなければならない。当時は、基本的に私一人で上京していた。前日の夕方に福島県内の農家から野菜などを集荷し、夜に東北自動車道へ。そして、東京にもっとも近い蓮田《はすだ》サービスエリア(埼玉県)で車中仮眠をとり、早朝からイベント会場で売り出す。

五〇歳を過ぎた私にとっては、正直に言って体力的にきつかった。だが、ありがたいことに、東京に着くと、私の活動に賛同してくださる首都圏在住の販売ボランティア(多くは女性)が手伝ってくださる。これは本当に助かった。

今回の震災を契機に発見したことがある。若い人のボランティア意識が高く、被災地に対して自分が何かをしたいという気持ちが強いのだ。「なぜ、二本松農園を応援していただけるのですか」とボランティアの方にお聞きすると、多くが「東京にいながら被災地支援できる方法を探していました。販売ボランティアはこれにピッタリです」とおっしゃる。日本も捨てたものではない、と私は思う。こうしたボランティアの方々には、いまも継続

福島県産野菜の直売（川崎駅地下街）

して販売のお手伝いをしていただいている。「齊藤さん、今後もず～と福島県の応援をしていきますよ」と言われると、涙が出るほどうれしい。

夏以降は、定期的な販売場所としてカトリック教会の組織的な協力を得られて、吉祥寺（武蔵野市）、目白（豊島区）、田園調布（大田区）、町田市などの教会で販売活動ができるようになった。毎週日曜日のミサ後に、数百人単位でお買い求めいただいている。吉祥寺教会の神父さんは「私は子どものころ、故郷の新潟で空襲を受けました。福島県の苦しみは本当によくわかります」と語り、販売のお手伝いまでしてくださる。

また、水曜日には、「買い物過疎地域」

とも言われる多摩ニュータウンにおじゃましている。三カ月間毎週継続した結果、高齢の女性を中心にリピーターが増えてきた。金曜日には虎ノ門（港区）で、介護施設前の敷地をお借りして販売し、周辺企業の社員がリピーターになりつつある。ちなみに、一カ所の平均売上げは七万円程度だ。

震災によって二本松農園の経営は大きく変わり、現在は販売にシフトしている。震災前に四人だったスタッフは、販売部門を含めて一八人。私の人生も大きく変わった気がする。怒涛のように押し寄せる福島県の農業への試練は、一時的なものではない。残念ながら、今後も形を変えつつ、二〇〜三〇年は続くと予想せざるをえない。応援と支援に甘えてばかりはいられない。

福島県の農業が存続していくためには、農業者と消費者との顔の見える関係を少しずつつくっていくしかない。数十年後に福島県の農産物が世界一安全でおいしいものになることが、私の夢である。そのために、放射能の測定はもちろん、消費者が栽培履歴なども一目でわかるような、いわば「福島型ＧＡＰ（Good Agricultural Practice ＝農業生産工程管理）システム」をつくっていきたい。

東京に向かって出発する販売スタッフを見送りながら、私はそんなことを考えている。

## 2 応援します！ 福島県農産物

阿部直実

### ◆販売をお手伝い

私は福島県出身でもなければ、福島県に親戚や知人がいるわけでもありません。農業にもまったく無知です。でも、いまは福島県の農産物を応援し、首都圏で販売ボランティアをしています。

東日本大震災の映像に衝撃を受け、「自分も何かしなければ」と多くの人が考えたことでしょう。行動が早い人は現地へ行きましたが、大半の人は「自分にいま何ができるのか」を考えたと思います。私もその一人でした。そして、地震、津波に加え、原発事故により被災し、おそらく復興に長く時間を要する福島県の応援をしたいと考えたのです。

そのころ、風評被害で福島県の農産物が売れないことを知り、心が痛みました。

「まずは食べよう！ それしかない」

早速、友人たちと野菜を取り寄せ、みんなで一生懸命食べていました。そんなある日、友人が「テレビで、福島県からたった一人で農産物を売りに来ている男の人を取り上げていた」と教えてくれたのです。私はその行動にとても心を動かされ、「応援したい」と思って調べてみると、その人は二本松農園の齊藤登さんでした。こうして、私は齊藤さんの首都圏での販売を少しずつお手伝いしはじめます。

川崎アゼリアでの販売(2011年6月)。右から2人目が私

## ◆数値がわかれば安心できる

販売するようになると、多くの人にもっともっと買ってほしいと思い、ネットで呼びかけたところ、多くの友人が買って協力してくれました。ただし、そのなかには、「福島県の野菜は不安だわ」とか「ちゃんと検査されたものなの?」とか「ウクライナの基準値以内なら買いたいわ」と言う友人もいました。

　私は「流通するものは安全」と考えていましたが、これらを聞き「風評被害をなくすには、こうした不安を少しでも解消しなくては」と痛感。インターネットや本、そして齊藤さんから教えてもらい、わかった範囲を教えました。彼女たちのおかげで私は勉強する機会を得て、放射性物質について少し学び、その結果こう強く思うようになったのです。

「これからは、福島県の農産物がもっとも信頼されるようになればいい」

信頼される農産物とは、「売る人も買う人も放射性物質の数値がわかる農産物」だと思います。数値が明らかになっていれば、売る人は確信をもって売ることができ、それが買う人の安心につながるのではないでしょうか。

「福島県では農産物の測定システムをきちんと整備し、数値がわかるから、世界で一番安心かつ信頼できる」となってほしい。日本の基準値は二〇一二年四月から見直しされますが、いま必要なのは信頼される測定値です。

数値が表示されていれば、表示されていないものより安全・安心と考えるのか。あるいは、ウクライナの基準値以内なら安全・安心なのか。もちろん、数値を表示しても食べない人もいるでしょう。各人のもつ考え方の違いは仕方ありません。でも、「はっきりわからないから福島の米や野菜は食べない」とだけは、思われたくありません。

各地で買ってくださる人たちは、「食べることで応援したい」と考えている好意的な人たちばかりです。それ以外の人たちにも、もっと福島県のおいしい農産物を知り、食べてほしい。たくさんの人が「福島県の農産物は信頼できる」と思うようになったとき、震災と原発事故を乗り越え、日本が復興したと、はっきり言えるのではないでしょうか。それが私の望んでいることです。

## ◆農業という尊い仕事をずっと応援したい

首都圏での販売ボランティアに参加して、福島県のおいしい米や野菜、果物をたくさん知ることができました。そして、齊藤さんをはじめ二本松農園のスタッフ、生産者の方々の力強く一生懸命な姿と、それを応援する販売ボランティアの明るい姿に、たくさん出会えました。本当によかったと思います。

多くのお客さまが、出身地や福島県で住んでいた地域などを熱く語ります。福島県を応援してくれる人が首都圏にこんなにいるのであれば、復興は必ずできると確信しました。

私をはじめ、首都圏での販売ボランティアの仲間、そして全国で福島県の農産物を買い続けてくれている方々は全員、福島県が一日でも早く復興することを願って行動しています。そんな私たち消費者のために、農業という尊い仕事を、厳しくとも続けていっていただきたいというのが、私の心からの願いです。ずっと応援していきます。

# 3 ふくしまの有機農家との交流から、もう一歩進む

黒田かをり

## 1 首都圏の消費者として思う

東北地方は「米どころ」として有名です。調べてみると、二〇一〇年のお米の収穫量は二七・六%と、全国の四分の一以上を占めています。そのうち福島県は二割近くと秋田県に次ぎ、東日本大震災で甚大な被害にあった岩手県・宮城県・福島県が占める割合は東北の約半分です。また、耕作面積(二〇一〇年)と農業産出額(二〇〇九年)はそれぞれ、全国の一九・〇%、一五・七%を占めています(以上、東北農政局のウェブサイトより)。

震災後、人類史上最悪ともいわれる東京電力福島第一原子力発電所の事故が起きました。甚大な放射能汚染が拡大し、とくに福島の農家はきわめて深刻な状況におかれています。実際は汚染されていないのに、産地だけで敬遠する「風評被害」が、状況をさらに悪化させました。放射能汚染が怖いから東北地方や関東地方のものは食べない、西日本の安

全なものを食べるという人は、少なくありません。

もちろん、小さい子どもがいる家庭が放射能汚染に人一倍敏感になるのは当然でしょう。放射能の人体への影響に関してはまだ解明されていないところも多いし、食品の安全基準値も国によってまちまちなので、混乱が生じています。原発事故への政府の対応の拙さから、国や県が安全といっても信じられない、放射能測定をしていても信用できない、という声があるのも事実です。でも、やみくもに放射能を回避するだけでは問題の解決にならないのではないでしょうか。

首都圏に住む私たちは、これまで東北地方のおいしいお米、野菜、魚などをたくさん食べてきました。そして、福島第一原発でつくられる電力をすべて使ってきました。そのひとりとして、この事態をどう考えるのか。消費者として何をすべきなのか。

まず、これまで私たちの食生活を守り、健康をもたらし、いのちを育んでくれた第一次産業の生産者に対して、あらためて感謝の意を示したいと思っています。そのうえで私は、震災後に知り合った福島県で有機農業を行う人たちと交流しながら、県外者としてできる小さなことから積み重ねていきたいと思います。そして、いろいろな人と連携しながら、原発のない持続可能な地域づくりに少しでも関わっていきたい。そのために、まず福島の現状を「知る」ことから始めたいと思います。

## 2 知る

二〇一一年四月下旬、私は福島県三春町へ日本三大桜のひとつである滝桜を見に行きました。三春町の農業者や日本国際ボランティアセンター（JVC）などが共同企画した「滝桜花見祭り」に参加したのです。

JVCが郡山市や三春町で農民支援のための調査を行った四月初旬の時点では、すべての作物の作付けが禁止。仮に許可されたとしても、消費者に拒否されるのではないか、農業が続けられないのではないかという不安に、農業者たちは苛まれていました。滝桜の観光客も大幅減少が見込まれていたので、全国から参加者をつのり、農家と語る機会をつくろうという企画です。福島県内外から一〇〇名以上が集まり、原発事故後の現状と想像を超えるような農家の苦しみについてうかがいました。報道やインターネットでは聞こえてこない話ばかりでした。

六月に入ると、私が勤める一般財団法人CSOネットワークに、ある企業から復興支援のためのアセスメント調査の話が飛び込んできます。福島に関わりたいという気持ちが日増しに強くなっていたことも手伝い、内部で協議のうえ、その調査を引き受けることにしました。調査目的は、福島県の酪農の再生、有機農業との連携による地域づくりです。

まず、それぞれの関係者に話を聞くことにして、六月下旬に道の駅ふくしま東和（二本松市）に菅野正寿さんを訪ねました。そして、ご自身が初代事務局長を務められたＮＰＯ法人ゆうきの里東和ふるさとづくり協議会（以下「協議会」）の里山再生や復興に向けた取り組みについて、詳しくうかがいました（第1章1・3参照）。以来、福島、東京、京都などで交流する機会をいただいています。

大きな打撃を受けながら、「それでも種を播いて耕そう」と決意した有機農業者の超然とした力に、私はある種の衝撃を受けるとともに、畏怖の念さえ覚えました。日ごろから厳しい気象条件のなかで得た知恵や経験を活かし、自然と共生して生きている人たちの底力を実感したのです。

私は農業の素人ですが、土や自然の力、野菜や稲の力をもってすれば、放射能をどうにか管理できるのではないかという気がしました。調査と研究が進み、放射能と土壌や作物の関係が解明されることを期待しています。そうすれば、生産者が農業を継続できるだけでなく、小さなお子さんをもつ家庭に安全と安心を届ける大きな要素になるでしょう。

残念ながら、福島の生産者の放射能に対する取り組みはあまり伝わっていません。私はアップデートされた情報を（収集しながら）いろいろな形で伝えていき、福島の生産者と首都圏の消費者が交流する場や機会をつくるお手伝いをしたいと思っています。

## ❸ つながる、伝える

私はCSOネットワークで、組織の社会的責任や企業と人権、市民社会組織のあり方などに関する調査や提言などを行ってきました。多様なNGOやNPOと協力、連携しながら活動しているので、いろいろな団体と付き合いがあり、それが一番の財産です。最近は、福島の復興に関わっているいくつかの団体と互いに情報共有しながら、ある種の連帯感を強めてきました。

九月には、シンポジウムに出席するために上京した菅野さんを囲む集いを開催。NPO、企業、研究者、環境団体などのメンバーが集まり、福島の状況についてうかがい、意見交換しました。直接、菅野さんが語りかけたおかげで、たくさんのことが伝わったようです。その後も参加者から、「菅野さんのところ、その後どうしていますか」「また東京に来るときは連絡してください」などと問い合わせが来ています。

一二月には、京都で行われたシンポジウムに菅野さんとともに登壇しました。主催者側は当初、福島県が「野菜は安全」と言っていることにやや懐疑的でしたが、ユーチューブで放映されていた菅野さんの講演をお知らせしたところ、「頭が下がる取り組みです」と言われ、京都に呼んでくださったのです。

福島県有機農業ネットワークのメンバーはそれぞれに首都圏につながりがあるので、私もそうした人たちを紹介してもらったりしています。さらに、除染ボランティアの議論をきっかけに、ＮＰＯ、環境団体、国際協力団体などの有志で「福島に寄り添う」という集まりが始まりました。今後は、企業も含め、いろいろな人に福島有機ネットを紹介するとともに、有機農業者の果敢な取り組みの世界への発信もお手伝いするつもりです。

二〇一一年は福島に関連するセミナーや集まりが毎週のように開かれましたが、私は福島在住者が参加しない会合ではなるべく発言しないようにしました。状況は刻々と変わるため、福島在住者と密に連絡を取らずに知っていることだけを伝えるのは危険な場合があるからです。また、マスコミだけでなくインターネットでも情報が氾濫しており、間違った情報や誤解を与えかねないもの言いも流布しています。

大学生やＮＰＯ、一般市民が集まって原発について考える会合に参加したとき、私のグループではメディアの功罪がテーマのひとつになりました。与えられる情報を鵜呑みにするのではなく、現状をどうやって知り、どうやって伝えたらよいのかという問いかけに対して、複数の人が語ったのは「福島の人と会って直接話を聞きたい」ということです。会合の最後に、話し合いの結果を次のようにまとめました。

「福島の人たちと知り合う。小さくても、直接つながることを積み重ねていく。自分たちにできることは限られているが、何でもよいから引き受けてみる」

デジタル社会と言われて久しくなります。でも、いまこそ人と人とが顔を合わせて話をするときではないでしょうか。目で見て、耳を傾け、肌で感じ、手で確かめ、足を使う。そして、いま何が起きているのかを自分で確かめ、できることから始めていけば、不安や風評を少しでも乗り越えられるのではないかと思います。

消費者と生産者も、放射能によって分断されるのではなく、顔の見える関係をつくりながら、この「厄介者」をどうするかを一緒に考えていければよいのではないでしょうか。もちろん、簡単なことではありません。しかし、消費者サイドでも、放射能にどう向き合い、どうつきあうかの取り組みが少しずつ始まっているようです。自然界にも放射能があります。知識を蓄え、知恵を出し合い、生活上の他のリスクとの兼ね合いも考えながら、放射能との向き合い方を、私も考えていきます。

## 4 原発のある「持続不可能」な社会から持続可能な社会へ

「ご飯粒を残してはいけません。お百姓さんが丹精こめて作ったものだから」

子どものころ、ご飯を残そうとすると祖母に叱られたものです。子ども心に、お米は特別なものと受けとめるようになりました。親や祖父母に「お米を残すな」「お百姓さんに感謝しなさい」「食べものを粗末にするな」と言われて育った人は、日本中至るところにいたでしょう。そこには生産者と消費者の間に顔の見える関係があり、つながりがあったと思います。

しかし、これは一九六〇年代くらいまでの話だったかもしれません。日本はそのころから経済成長を最大の目標に掲げ、一極集中型の産業構造をつくりあげていきました。輸出を伸ばし、大量生産・大量消費へとひた走ります。そして、世界各地から食料がどんどん入ってきて、「飽食」の時代を迎え、さらに食料の大量廃棄国になりました。いまでは、誰が作ったのか、食料がどこから来たのかを、想像すらできません。たくさん買って、食べて、余れば残し、捨てるのです。

このころから次々と建設され、稼働を始めた原子力発電所は、経済第一主義、マネー第一主義の象徴といえるでしょう。成長の時代はとっくに終わり、これまでの経済社会システムでは立ち行かないとわかっているのに、私たちはまだそんな持続不可能な社会の仕組みの中に生きています。

震災から一年近く経ったいまも、原発事故は収束に至っていません。いつまで、自然と人びとに苦しみを与え続けるのでしょうか。被災地域では大型復興開発が始まっていますが、それでは元の木阿弥、原発のある社会に戻るだけです。

いまこそ私たちは、持続可能な社会づくりに向けて大きく舵を切るときではないでしょうか。それは一九六〇年代以前に戻るということではありません。かつての日本社会のよいところを取り戻しつつ、農業者や市民が主体となって、地域の企業や金融機関とも連携しながら、地域循環をベースにした経済をつくるのです。地域に住む人たちが長く培ってきた知恵を活かし、自然と共生していく持続可能な地域づくりや社会づくりがますます必要になっていくでしょう。事実、こうした取り組みは各地で行われています。

埼玉県小川町の下里集落では、食とエネルギーを自給する循環型の「霜里農場」(金子美登氏主催)に県内の企業が協力して、企業が有機農産物を買い上げたり、周辺の里山の再生が行われています。茨城県水戸市では二〇一一年二月に、自治体、商工会議所、経営者協会、労働組合、生協、NPO、県民、メディアが円卓を囲み、地域の課題解決に関する提案を持ち寄り、話し合いました。そこで取り上げられたテーマは、農業の支援と新たな仕組みづくり、地域資源循環の仕組みづくり、移動困難者の外出支援・買い物支援です。それ以降、廃食油のリサイクルによる農業支援、移動困難者の外出・買い物支援などの具体的な取り組みが始まりました。

地域づくりにおいては、農業の果たす役割がとても重要です。自然や環境、食だけでなく、教育や福祉も含めて、農業を中心とした地域づくり、社会づくりが大切だと思います。そのベースになるのは、やはり人と人との顔の見える関係です。考え方、背景、職業、生活形態など多種多様な人や組織が、違いを乗り越えて地域づくりという共通の目標に向かって、お互いを尊重し合う関係を築くことだと考えます。

ところで、最近は世界中で「持続可能な発展（サステナブル・ディヴェロップメント）」が重要なキーワードとなってきました。国連のブルントラント委員会が一九八七年に発行した『私たちの共通の未来』で用いた言葉で、「将来の世代の人びとが自らのニーズを満たす能力を危険にさらすことなく、今日の世代のニーズを満たすような発展」を意味します。二〇一二年六月にブラジルのリオデジャネイロで開催される「持続可能な発展（開発）」世界会議では、「持続可能な開発目標」が提案される予定です。

「持続可能な発展」は企業の社会的責任（CSR）の文脈で語られ、社会・環境・経済の三つの柱をベースに解釈されてきました。私は、「持続可能な発展へのあらゆる組織の貢献を促す」ことを目的としたISO26000（国際標準化機構の社会的責任規格、二〇一〇年発行）の策定に関わったのですが、「持続可能な発展」は抽象度が高く、すとんと心に届かなかったというのが、率直な印象です。いま思えば、そこに農業や漁業のありようが見えていなかったからではないでしょうか。

では、本当に持続可能な発展とは何か。それは、三〇年先、一〇〇年先に、農業や漁業が自然と共生しながらその営みを続けていることではないでしょうか。経済中心に考えるのではなく、自然や環境、そして人の営みや暮らしから、次世代を見つめていかなければならないと思います。

## 5 「交流」から一歩進んだ関わりへ

原子力は、私たちの生活のなかの尊いもの、大事なもの――美しい山村、家族関係、地域社会、有機農業、人と自然のつながりなど――を壊してしまいました。先祖から受け継いできた田畑を手放し、先祖代々続けてきた農業を止めるという無情かつ過酷な選択を強いられた農業者も、少なくありません。

そうしたなかで、試行錯誤を繰り返しながら放射能と向き合い、土を耕し、種を播いている有機農業者たちがいるのです。まだ一部かもしれないけれど、この取り組みを希望の芽として捉え、それをいかに育てていくのかが求められていると思います。そこに、循環型社会への道があるのではないでしょうか。

有機農業者との交流をとおして、私は福島の取り組みの芽がどのように育っていくのかを、見守りたい、できることがあれば関わらせてほしい、という気持ちを強くもつようになりました。日本の多くの地域は、人口の減少、農林水産業の衰退、過疎化、コミュニティの崩壊など深刻な問題をかかえています。福島の有機農業者の取り組みが、他の地域に向けて、あるいは困難な状況にある世界中の地域に向けて、復興と再生への道筋を示していくことを待ち望みたいという気持ちです。

まだ短い付き合いですが、福島の有機農業者と交流するなかで、私は多くを学びました。里山の役割、土の力、野菜の保存法、野菜の効用、昔から伝わる農の営みや行事……。農がいかに私たちにとって大切なものか、深く考えさせられました。

震災と原発事故以降、価値観が変わったという人がたくさんいます。私もそのひとりです。考え方が変わり、優先順位が変わり、価値観が変わり、自分が変わる。原発のない社会をめざすためにも、まずできることから行動してみよう――そう考え始めています。

最後に、菅野さんのとりわけ印象に残った言葉を紹介しましょう。

「自分たちは野菜や米を作っているのではない。野菜や米がもっている力に手を貸しているだけだ」

太陽の光と風と大地に感謝をしつつ、私も自分の食べる野菜を自分で作ってみようと思います。

# 4 分断から創造へ
## ——生産と消費のいい関係を取り戻すために

戎谷徹也

### 1 原発事故さえなかったら……

「原発事故さえなかったら……。この一〇カ月の間に、皆さんも何度となく口にしたのではないでしょうか」

二〇一二年一月二一日、私が所属する「大地を守る会」が開催した原発問題を考える講座で、これまで取り組んできた放射能対策の報告を求められた際、つい冒頭で発してしまった台詞である。

原発事故さえなかったら、正月の祝杯は「復興」の二文字で沸き上がったことだろう。絆を確かめ、希望を語り合い、笑顔が満ちあふれ、力強く前進する東北の姿が、メディアを賑わしたはずだ。世界中から賛辞も届いたにちがいない。

しかし、年を越してもなお、東北には暗い影がつきまとって離れない。港が修復され、漁が再開されても、「魚が売れない」という嘆きが聞こえてくる。「検出限界値以下」の証明を提示しても、「福島産」というだけで農産物はいまだに敬遠される。瓦礫を引き受けようとした自治体では、住民から反対の声があがる。災害があるたびに強い連帯感で復興してきたこの国の民が、無惨に引き裂かれている。すべては原発事故のせいだ。

もちろん、温かい支援や連帯も数多く存在している。だが、国が定めた基準（「暫定規制値」）を超える食品がモグラ叩きのように現れては消えるなかで、「二〇ベクレル」とか「暫定規制値未満」とか示さなければならない異常な事態が、消費者の防衛本能を頑なにさせていることも事実である。これは〝風評被害〟ではない。

この関係の修復は、容易ではない。だが、実は針路は明確に示されてもいて、原因の大元からひとつずつ乗り越える策を見定め、克服していくしかない。その第一歩は間違いなく、脱原発社会を創ろうという確固たる意思表示である。ここで生産者と消費者がひとつにならなければ、おそらく根本的な修復は不可能に思える。そして、この課題に立ち向かうには、つなぎ役としての流通の果たす役割も大きく問われている。

## 2 〝ゼロをめざす〟をバックアップできる測定と情報公開は可能か

ここであらためて、大混乱に陥った三・一一からたどってきた大地を守る会の放射能対策を振り返りながら、流通の果たす役割を考えてみたい。毎日たくさんのことで悩みながら走ってきたように思うが、ほぼ以下の五点に要約できる。

第一に、とにかく実態のできるだけ正確な把握が必要だった。測定体制の構築と強化である。震災後の生産者の安否確認やインフラの立て直しを急ぐ一方で、パニックに陥った消費者の対応に追われている最中の三月一七日、暫定規制値が発表された。そして、同じ日に、その規制値を超える福島県産の牛乳が発見された。

私たちが速攻で食品の測定を実行できたのは、生協や市民グループと一緒に長く支えてきた「放射能汚染食品測定室」の存在が大きい。生活クラブ生協の槌田博さんを中心に、この測定室の強化をはかり、測定件数を一気に増やしていった。

並行して自社内では、サーベイメーターによる入荷物のモニタリングを開始し、五月には高精度の測定器ヨウ化ナトリウムガンマ線スペクトロメーター（蛍光検出器）を導入。その後、順次台数を増やすとともに、八月にはゲルマニウム半導体検出器の設置へとこぎつけた。現在はゲルマニウム半導体一台、スペクトロメーター四台を駆使し、かつ第三者機関としての放射能汚染食品測定室の活用によって、一定の計画的測定を可能にしている。

さらに、七月には福島県須賀川市(株式会社ジェイラップ)に、一一月には岩手県釜石市(NPO法人東北復興支援機構)に、スペクトロメーターを貸与する。とくに須賀川市では、設置・機器の校正を終えるや否や、フル稼働に入った。この「産地に無償で貸し出す」という決断が、結果として大きな力を発揮することになる。

第二に、生産者との厳しい対話をしなければならなかった。大地を守る会は、生産者とあらかじめ設定した量と価格で作付契約を行っている。しかし、原発事故と放射性物質の拡散は、東北から関東にかけての生産地に対して、この契約履行をほぼ不可能にさせた。復興支援で物資やお見舞金を各地に送りながら、わが仕入部署では、四月下旬から、つらい生産地回りが始まる。提示した販売見込みは、平均して約三割減。この数字は、「それでも作ってくれますか」という問いかけでもある。福島県の生産者から浴びせられた罵声は、いまも耳の奥に残っている。

「俺たちは、東京のために原発を受け入れさせられてきた。福島は東京電力の電気を一切使っていない。なのに、基準値(暫定規制値)以下の野菜だって食べられないと言う。東京の人は俺たちを見捨てんのか！」

「風評被害に対して、どうすんのかの姿勢を見せろっつうの。ただ何割は売れませんじや、話になんべえ（ならない）」

生産者の思いと消費行動の乖離は、広がる一方だった。生産と消費が分断され、被害者同士が不信感を募らせていく。

まず、「風評被害と言うな。これは実害である」と明確に示す必要があった。そして、当たり前のことに気づかされる。「これは本能なのだ」と。

少しでも安心できるものを食べたいというのが本能なら、土を汚したくないと願うのも農民の本能だろう。「五〇〇〇ベクレル（土壌中の放射性セシウム濃度の上限）未満ならいいんだ」と本心で思う生産者などいない。そう思ったとたん、つながりの糸は切れる。

ゼロ・リスクはもはや夢であるが、「ゼロをめざす」と宣言することはできる。その道のりを共に歩めるなら、乗り越えられる。人智を尽くして、放射性物質の食べものへの移行を可能なかぎり防ぐ。その努力を見せ続けることに、〝未来を保証する関係を再建したい〟というメッセージをこめよう。流通者の使命は、そう腹をくくった生産者と、とことん付き合うことである。「売れなくても、売る」行為に思いを託して、持続させることだ。

〝福島産や茨城産を食べてほしい〟と謳い、四月四日から販売開始した「福島と北関東の農家がんばろうセット」は幸い、粘り強く注文数を堅持していく。それを下支えしたのは、測定結果を伝えることだった。

第三は、まさにその測定結果の情報公開である。大地を守る会が放射能汚染食品測定室の結果を開示したのは五月一六日から。これにも葛藤があった。たった一束のサンプル検査で、たとえば「福島県産ホウレンソウの数値」が一人歩きする可能性があるからだ。われわれの行為が、それこそ風評被害を生むことにつながらないか。社内での会議は悩み深いものだったが、これも結論は明らかだった。不安に走る消費行動を落ち着かせるには、事実を伝えるしかない。測定結果が目安や傾向のひとつでしかないことを理解してもらえるかどうか、確信はなかったが、そもそも伏せるわけにはいかない。

結果は予想以上の反響だった。会員の声は「安心した」「判断材料が得られた」、そして「ありがとう」。われわれの判断が流通や消費に混乱をきたさないかという不安は、まったくの杞憂だった。測定結果の公表はどの流通団体も逡巡していたが、以後多くの団体が情報開示に踏み切っていく。

## 3 放射能対策を点から面へ――美しいフクシマを取り戻す共同戦線を

第四は、生産者の放射能対策の支援である。さまざまな仮説が飛び交うなか、「やれること・やりたいことはすべてやって、結果を検証しよう」という姿勢で臨んだ。

米の看板アイテム「大地を守る会の備蓄米」産地である須賀川市の「稲田稲作研究会」（法人名ジェイラップ）に前述のように測定器を据え、徹底的な状況把握と対策の検証に注力していく。稲作研究会メンバーの田んぼ三四一枚（約一〇〇ha）の土壌サンプリングを行い、全面カリウム施肥とゼオライト投与試験を実施し、土壌―稲体―籾―玄米―ぬか―白米―ご飯（炊飯状態）への移行をトレースする計画に挑んだのである（第1章2参照）。

結果は見事だった。多くの検体が、玄米ですでにND（検出限界値以下）。だから、白米―ご飯までの移行を調べられるものは、ごくわずかしかなかった。「来年はすべてをNDにできる」。生産者に自信と希望が戻った。しかも、三四一カ所のデータマップは、地域全体を救う道筋も示唆している。

やればやっただけのおまけも付いてくる。耕作放棄地は空間放射線量が高いことがわかったのだ。耕作こそ除染対策である。ゼオライトの多様な活用、カリウム施用の森林への応用なども見えてきた。土の力とそれを活かす農（人）の技術の総合力が未来を救う可能性を、導き出したのである。これは決して誇大な形容ではない。健全な農の営みと連なることで、暮らしの安定は持続される。原発事故と放射能汚染は、私たちにそうした原点を届けてくれた。

これだけの実験に挑ませた力の背景に、消費者の「食べる」というメッセージがあったことも付記しておかなければならない。大地を守る会の備蓄米は先行予約制である。さすがに前年の数字には届かなかったが、絶望的な情報が飛び交うなかで、春から変わらず申し込んでくれた消費者の存在は、稲作研究会を奮起させずにはおかなかった。二〇一一年一〇月一日に開催された収穫祭で、生産者・消費者を問わず多くがあたりはばからず泣いた光景を、私は生涯忘れないだろう。

一方で、すべての産地に対してこれだけの支援ができたわけではないことも、肝に銘じなければならない。期待に添える協力ができなかった後悔もある。次のステップは、福島県内各地で取り組まれている小さな実験も含めてすべての情報を共有し、この春の作付けに一丸となって臨むことだ。二〇一二年のテーマは定まっている。

「点から面へと進化させ、美しいフクシマを取り戻す有機農業の力を可視化させる」

二月一日には福島県下の生産者が集まり、そのキックオフが宣言された。

「消費者が安心して戻ってこれるよう、耕そう、粘り強く」

## 4 「共同テーブル」がめざすもの

第五に、基準（規制値）の検討がある。国が急遽設定した暫定規制値は、不幸にもまったく国民に信頼されなかった。流通や小売業界も緊急事態の判断として採用したものの、暫定規制値見直しの動きが見えないなかで、夏ごろにはそれぞれが自主基準の設定に向けて動き出していく。しかし、基準の乱立は、決して好ましいことではない。

生産者は複数の取引先基準に振り回され、消費者はどれが適切なのかとまどい、結果的に厳しい基準値に引き寄せられる。だが、こと放射能に関しては、基準で競争するようなものではない。生産者はその基準を物差しとして努力し、消費者もその基準に基づいて適切に流通されていることに信頼を寄せる。そんなスタンダードが必要ではないだろうか。

こうした問題意識で生まれたのが「食品と放射能問題検討共同テーブル」である。構成団体は、パルシステム生活協同組合連合会、生活クラブ事業連合生活協同組合連合会、カタログハウス、大地を守る会の四団体。その設立趣旨から抜粋したい。

「私たち四団体もまた〝適正な基準と情報開示〟のあり方を模索してきたものですが、いま求められているものは、生産者・消費者の選択に貢献できる適切な情報提供であり、行動の支えとなる考え方と科学的知見の整理であり、国民レベルでの放射能に対するリテラシー・判断能力の向上に寄与する『指標』の提示だと考えます。不安の中で収穫を続ける生産者にも、日々食材の選択を迫られている消費者にも、共通の指針となるものが一刻も早く示される必要があります」

私たちがほしいのは、流通を規制するための「数値」だけではない。その「数値」に基づいて適切に食べものが流通される基盤づくり、規制値を超えた生産地を切り捨てることなく再生に向かわせる政策、いまだ原発事故が収束したとは言えないなかでの詳密なモニタリングと健康調査の継続などがセットになった、総合政策としての「基準」でなければならない。付け加えるなら、その基準は測定データと科学的知見の集積とともに常に見直していく姿勢も必要である。ゼロ・リスクの実現は無理でも、ゼロをめざす姿勢を表現する「基準」をもちたい。

厚生労働省は二〇一一年一二月二二日、新基準値案を発表した。これに対して、「共同テーブル」が発表した「提言」のポイントを以下に記したい。私たちが到達した現時点での「土台基準」の要旨である。あるべき流通規範に向け、さらに討議を深めていきたい。

1　原子力発電および低線量被曝に対する共同テーブルの基本的な考え方

(1)原子力発電所の速やかな全面廃炉をめざすべきです

(2)長期的な低線量被曝が人体に与える影響はほとんど判っていません

## 2　規制値の設定にあたって考慮すべき点

　昨年一二月二二日に厚生労働省より発表された新基準値案で示された規制値の引き下げは一定の評価をするものです。しかし当初の暫定規制値が運用されてから九ヶ月が経過してからの発表であり、新基準値案の検討・運用はあまりにも遅すぎたといえます。

　以下、規制値の設定にあたって考慮すべき点をまとめます。

### (1)内部被曝と外部被曝との総量を考慮すべきです

　今回示された新基準値案では外部被曝分を計算外としています。しかし、線量限度の本来的な意味合いとしては内部被曝・外部被曝の総量が規制値を下回ることが当然であり、内部被曝のみの規制では実用的な数値とはなりません。

　例えば、現在、空間線量は地域によって大きな差があります。空間線量が高い地域においては、低い地域に比較して、少しでも食物による内部被曝を低減させなければなりません。外部被曝の実態を考慮した、食品による内部被曝の規制が必要です。

### (2)日本人の食文化に合わせた細かい食品群の分類が必要です

　今回の新基準値案では、飲料水・乳児用食品・牛乳以外の食品を「一般食品」として一括しています。しかし、食品には日常的に大量に摂取する物、そうでない物などがあるため、例えば米のように摂取量の多い食品は厳しい規制値を設定すべきです。日本人の食文化に合わせた細かい分類とそれぞれの規制値の設定をおこない、内部被曝を少しでも減らす努力をすべきです。

（3）規制値や食品群の分類は継続して見直していく必要があります

今回発表された新基準値案は、あくまでも二〇一二年度版の暫定規制値とすべきです。より詳密なモニタリング体制を強化するとともに、規制値の定期的な見直し（規制値の引き下げ、食品群の分類の見直し）などを継続しておこなっていくべきです。最低でも二年毎、できれば毎年の更新が望ましいと考えます。たとえ結果的に変更がない場合でも、新しい知見やデータをもとに見直し・検討を重ねていくべきです。

国の新基準値案を一歩前進として認めつつ、〝一歩前進〟であるがゆえに引き続き暫定規制値（あるいは二〇一二年版規制値）として、国が検討を継続されることを強く要望します。

（4）経過措置は設けるべきではありません

新基準値案の施行にあたり、「準備期間が必要な食品には、一定の範囲で経過措置期間を設定することが必要と考えられる」としていますが、ただでさえ対応が遅れている現状において経過措置の設定は容認できるものではありません。

「市場に混乱が起きないよう」に経過措置期間を設定するとしていますが、新基準値が施行された後も新基準値に適合しない食品が流通し続けることのほうがより大きな混乱を招くことになります。新基準値を超過する食品は事故の原因者たる東京電力ないし政府が買い上げるべきと考えます。

経過措置期間は設けないか、設けるとしても必要最低限とし、その際は経過措置を設ける根拠およびできるだけ具体的な品目群を明確にし、その旨を広く国民に周知する必要があります。

なお、一般の生産者・製造者や流通業者は、取り扱うすべての商品・品目について放射能を確認できる状況にはありません。国や行政によるきめ細かい検査の実施、超過した場合の速やかな流通制限の指示、またその際の東電と国による賠償の制度が必要です。

(5)セシウム以外の核種の調査を拡大すべきです

現在、ストロンチウムやプルトニウムなどについては、セシウム数値を元に算出しています。しかし存在率が一定の比率であるとの知見が少ないこと、想定外の場所で検出された事例があること、人体に入った場合に蓄積される場所や人体に与える影響が異なることなどから、独自の検査が必要です。

特にストロンチウムの発するベータ線、プルトニウムの発するアルファ線の人体の影響は、ガンマ線よりも影響が大きいといわれています。測定時間などの問題から、核種別に規制値を設けることは困難かもしれませんが、まずは現状を正しく把握することからはじめる必要があります。ストロンチウムやプルトニウムは民間では簡単に測定できませんので、セシウム以外の核種については国が計画的に調査と情報公開をすべきであると考えます。

3　規制値を担保するための調査・検査のあり方（検査機器／検査方法／公表基準など）

（1）汚染状況の調査について／放射性物質の動態の把握が必要です

（2）食品の検査について／検査の標準化を図るべきです

4　国民への説明ときめ細かな情報提供

（1）検査結果の公開について／検査結果公開の標準化を図るべきです

（2）暮らしに関する情報提供／放射能から身を守る生活指針を積極的に発信すべきです

## 5　今後の放射能対策の前進のために

### （1）外部被曝の低減

緊急の課題は外部被曝を低減させることです。現在も各地で除染作業がすすんでいますが、国の責任において中間貯蔵施設を確保し、高濃度地域を中心に、速やかに作業をすすめていかなければなりません。

### （2）第一次産業の再生に向けた政策

事故以降、東日本産の作物から検出される放射性物質は減少しています。しかし、自然界に放出された放射性物質の動態は良くわかっておらず、数年後に高濃度の放射性物質が検出されるといった可能性があります。地域や品目によっては規制値を上回る可能性があります。

今回放出されたセシウムが半減期を迎える約三〇年後、大人になった今の子ども達に、食と暮らしの基盤である日本の第一次産業を責任持って継承していくためには、東日本の第一次産業を崩壊させるわけにはいきません。

食の安全のためには厳しい規制値の設定が必要ですが、これは農業や漁業などを再生させていく政策がセットでなければなりません。資源を集中して最大限の除染の努力をすることが前提ですが、基準を越えてしまう地域については、保護策・支援策を講じ、生産基盤を維持・再生していくことが必要です。

(3)長期的な医療・検査体制について

子ども達を中心に長期的な検査体制を構築していく必要があります。

現在、福島県において「県民健康管理調査」がスタートしましたが、より一層の充実を図って長期的な検査を継続し、必要に応じた対策(汚染の少ない地域へのリフレッシュ旅行・一時退避などの斡旋や支援など)を講じていく必要があります。また同時に、知見を増やして低線量被曝に対する研究の一層の深化、予防対策に反映させていくことが必要です。将来のリスクを過小評価して禍根を生まないためにも、詳密な疫学的調査の継続を強く望むものです。

## 5 「未来の子どもたち」のための政策を編み出そう

以上の提言の各視点は程度の差はあれ、どの組織も悩みながらそれぞれに判断を迫られてきたことである。測定と情報公開、生産者対応と放射能対策への支援(お付き合いの質)、そして基準。それぞれをどういう政策として表現してきたか、検証すべき段階にある。

有機農業運動で当初より育まれてきた、第三者流通を介さない生産者と消費者が直接

「提携」する形態に対しても、放射能汚染は容赦なく打撃を与えたようである。「提携では生きていけなくなった」と嘆く有機農業生産者の声を、私も直接聞かされた。問題は組織の形態ではなく、前述の第一から第五がどのように思索され、実践されたかによるのではないだろうか。それは、高価な機器を買うことではない。双方に納得し合える質を獲得したかどうかだ。もちろん、私自身もまだ迷いのなかにあるのだが……。

それでも、この間の模索のなかで見えてきたことがある。それは、単純な関係の修復ではなく、未来社会の創造に向けた政策を展望できるかどうかが勝負だということだ。「もっともモラルの高い人道支援の国」という称号を得られるチャンスを逃したばかりでなく、あろうことか放射能汚染発生国の仲間入りをしてしまったこの国で、新しい時代に向けてのイノベーションを起こす。有機農業の総合力を駆使すれば、それは可能であると、私は信じて疑わない。その道々に消費者は立っていて、手を差し伸べ、あるいは背中を押してくれるはずだ。あるいは、ともに歩いてくれるだろう。

今日の仕事が「未来の子どもたち」のいのちに連なっていることを、忘れないようにしたい。

# 5 地域住民と大学の連携

小松知未・小山良太

## 1 未来支援センターと小国地区

福島大学「うつくしまふくしま未来支援センター」(以下「未来支援センター」)は、二〇一一年四月に国への概算要求として構想され、四月一三日に福島大学の学内措置として発足した組織である。「東日本大震災及び東京電力福島第一原子力発電所事故に伴う被害に関し、生起している事実を科学的に調査・研究するとともに、その事実に基づき被災地の推移を見通し、復旧・復興を支援する」ことを目的とした活動を行っている[1]。

その一部門である「復興計画支援部門」の産業復興支援担当は、地域住民とともに歩み、科学的知見に基づいて技術的・制度的な問題を一つ一つ解決していくことによって、営農継続・再開と生活再建に向けた復興プロセスを見出し、被災地・被災者の明日へつなげる活動に取り組んできた。本節では、世界に類をみない原子力災害という苦境に立ち向かい、農山村の地域再生を実現するための一歩を踏み出した住民組織である、伊達《だて》市霊山《りょうぜん》町小国地区の「放射能からきれいな小国を取り戻す会」（以下「取り戻す会」）の活動と、未来支援センターが果たすべき役割についてまとめたい。

まず、小国地区の概況について整理しよう。小国地区は、世帯数四二五世帯、人口一三五八名（二〇一一年一二月末現在）。小学校区一単位、自治会二単位（上小国区民会・下小国区民会）、九つの農業集落によって構成される。[2] 総農家数は二三六戸、耕地面積一六三ha、水田率は三九％であり（二〇〇五年時点）、稲作、野菜作、果樹、畜産と多様な農業が展開している、中通りの阿武隈高地に位置する、典型的な中山間地域である。

## 2 翻弄される住民

図1は、警戒区域、計画的避難区域、特定避難勧奨地点がある地域の概要図である。[3] 東京電力福島第一原子力発電所から放出された放射性物質は、二〇一一年三月一五日の夜半から一六日の未明にかけて、南東の風に乗って拡散したといわれている。そのため、原子力発電所から北西に位置する地域において、とくに深刻な被害が広がった。

小国地区は、原子力発電所から五五～六〇km離れているものの、まさに北西に位置して

図１　警戒区域、計画的避難区域および特定避難勧奨地点がある地域の概要図

（注１）2011 年 11 月 25 日現在。
（注２）警戒区域、計画的避難区域、●特定避難勧奨地点がある地域

おり、放射性物質による汚染が深刻な地域の一つである。伊達市の環境放射能測定結果によると、「取り戻す会」の集会などに利用している「伊達市霊山地区小国ふれあいセンター」駐車場の空間放射線量は毎時一・四四マイクロシーベルト（地表からの高さ一m、二〇一二年一月九日～一五日の一週間の平均値）と高い値を示している[4]。

小国地区は六月三〇日に、八六世帯が特定避難勧奨地点に指定された。さらに、原発事故から約八カ月が経過した一一月二五日、四地点が追加指定されている。政府によれば、特定避難勧奨地点とは、以下のとおりである。

「『計画的避難区域』や『警戒区域』の外で、計画的避難区域とするほどの地域的な広がりはないものの、事故発生後一年間の積算放射線量が二〇ミリシーベルトを超えると推定される地点です。（この指定は、）政府として、一律に避難を求めたり、事業活動を規制したりするものではありません（筆者補足：作付制限など営農活動における規制はなされていない）。その理由は、外出などでその地点を少し離れれば、線量が低くなることから、生活全般を通じて、年間二〇ミリシーベルトを超える懸念が少ないからです。（地点の指定は、）お住いの方々への注意喚起と情報提供、避難の支援や促進が目的です[5]」

このように、非常に曖昧な制度が導入されていること自体、問題であるが、さらに誰しもが疑問に感じるのは、詳細な汚染実態の調査結果の公表なしに地点登録がなされていることである。このため、地域住民は行政に対する強い不信感をもっている。

また、この行政措置により、同じエリアの中に、①特定避難勧奨地点として指定され避難する世帯、②指定はされていないが自主的に避難する世帯、③地区内にとどまり生活と営農を続ける世帯、が混在する事態となる。点的な避難を促し、隣り合った住民同士が異なる条件下におかれたことは、回覧板をまわすのもままならないほどの自治機能の低下を招いた。

一方、営農活動においては、地域全体に高濃度の汚染が広がっている可能性があることが明らかになっているにもかかわらず、行政による詳細な汚染実態の検査と、それに基づいた流通管理は行われなかった。そのため、農業生産者が「放射性物質を多く含む農産物を生産し流通させた加害者」かのように扱われるという、最悪の事態が広がっている。

農林水産省における農地土壌中の放射性セシウムの分析結果(八月三〇日発表)では、小国地区の八調査地点中の五地点において、米の作付制限の目安とされる一kgあたり五〇〇〇ベクレルを超える放射性セシウムが検出されていた[(6)]。収穫前から、小国地区の農地の一部が高濃度に汚染されていることは把握されていたのである。にもかかわらず、行政は、わずかなサンプル数による米のモニタリング本調査(小国地区は二検体のみ)しか実施しなかった。この不十分なモニタリング本調査の結果をもとに、福島県知事は「米の安全宣言」

(二〇月一二日)を行い、二〇一一年産の福島県産米を市場に流通させたのである。

その後、小国地区と隣接する福島市大波地区における独自検査(福島市とJA新ふくしまが実施)で、食品の暫定規制値一kgあたり五〇〇ベクレルを超える放射性物質を含む米の存在が明らかとなる。福島県があらためて県農業総合センターで分析した結果、放射性セシウムの量は、一kgあたり六三〇ベクレルであることが判明し(一一月一五日)、米の出荷制限が指示されることとなった。それをうけて福島県が実施した米の放射性物質緊急調査によって、小国地区においても、暫定規制値を超える米(一kgあたり七八〇ベクレル)の存在が明らかとなる(一一月二八日)。その結果、米の出荷が制限された。

小国地区は、特定避難勧奨地点の指定と、米からの放射性物質の検出と出荷自粛要請に翻弄されてきた。この二つの問題の根源は、国が体系立てた放射能汚染の検査体制を構築せずに、根拠が薄弱かつ将来への道筋の曖昧な対策を実施し続けてきたことにある。

国は、除染プロジェクトを推進すると明言しているが、そもそも放射能汚染の状況の詳細な調査を実施していない。汚染マップなしに除染プロジェクトを進めることは、現実的には不可能である。原発事故から一年近くが経過したにもかかわらず、国は実効性のある対策を何も打ち出していないに等しい。そうした状況下で、地域住民は日々、放射性物質と対峙しなければならない、つらい日々を過ごしている。

## 3 取り戻す会の設立と活動目的

こうした状況下で、行政の対策を待っているだけでは地域が崩壊するという強い危機意識を感じた住民有志は、「この地で今まで通り長く住み続けて行くこと」をスローガンに掲げ、賛同者を集め、「放射能からきれいな小国を取り戻す会」という住民組織を設立した(九月一六日)。

組織設立にあたっては、①特定避難勧奨地点の指定をめぐる基本姿勢について行政への不信感が生じていたこと、②六月下旬から上小国地区担当の地域おこし支援員がボランティアで土壌簡易検査を実施し、その結果報告会を開催(七月二〇日)したところ、圃場一枚ごとに異なる汚染状況が示され、より詳細な実態把握の必要性を強く感じていたこと、③発起人たちの意思と合致する新聞記事(7)を見つけたことが契機となっている。これをきっかけに、福島大学へ活動協力を要請し、研究活動拠点となるモデル地区として指定を受けたのである。

取り戻す会の活動は、「福島第一原子力発電所の爆発に伴う放射性物質によって汚染された小国地区を、以前のように安全で安心して住み続けられる地域にしていくこと」を目的としている。設立総会で承認を受けた、活動内容は以下のとおりである。

①放射能汚染の実態を調査し、除染に結び付ける活動。
②放射能汚染に対応できる作物の作付けおよび導入等地域産業の振興に関する活動。
③安全で安心して食べられる農産物の検査体制の確立に関する活動。
④生きがいをもって住み続けられる地域づくりに関する活動。
⑤上小国および下小国区民会との協調連携に関する活動。
⑥福島大学をはじめとする研究機関ならびに本会事業に資する団体・個人との連携に関する活動。
⑦その他目的達成のために必要と認める活動。

そして、発起人の一部が役員(会長、副会長、事務局長)となり、組織運営を行う。幹事は農業集落ごとに一〜二名が選出され、六つの委員会(調査分析委員会、流通作付委員会、安全安心委員会、広報委員会、渉外委員会、会員親睦委員会)がある。即時に独自検査を実施するために、自治会(区民会)で全戸の合意形成を図るのではなく、趣旨に賛同した世帯から会員として加わる形式を選択した。調査活動の単位としては、居住地や農地の所有者などを互いに把握しているほうが活動しやすいという判断から、農業集落を単位とする班を編成している。

二〇一二年一月一五日現在の会員数は二九四世帯である。地域住民が混乱の渦中にあり、自治機能が低下しているなかで、地区の約七割が住民活動に参画しているという事実は、住民の危機意識が極限まで高まっていることを示しているといえる。

取り戻す会の会員による空間放射線量測定。手作りの木製の台に測定器を乗せ、地上10cmと1mで測る

## 4 取り戻す会の歩み

発足から一カ月後の一〇月一七日、放射能汚染について詳細に把握するための空間放射線量調査に着手した。国による空間放射線量調査は二㎞メッシュであり、より細かな伊達市作成の汚染マップでも一㎞メッシュ二地点である。このように行政による詳細な汚染実態調査がいまだに実施されていないなかで、会員約四〇名(のべ一一二名)の力を結集し、山林や耕作放棄地を除いた耕地と宅地を測定範囲とした、一〇〇mメッシュ・五三三地点の詳細な放射線量測定マップを作成したのである。

この住空間・農地空間放射線量測定マップ（初版）は、簡易環境放射線モニタ（ホリバ社製PA-1000Radi）を用いて作成されている。この完成によって、地区内に高濃度汚染地点（地表から高さ一〇㎝の最高値は毎時七・二マイクロシーベルト、一〇〇㎝の最高値は毎時五・一マイクロシーベルト）が点在していること、メッシュの区画ごとに大きく空間放射線量が異なり、行政による空間放射線量調査ではまったく実態を把握しきれていないこと、が明らかとなった。マップ完成後、「取り戻す会」の会長と役員は伊達市役所本庁舎を訪れて市長に活動を報告し、「きれいな小国を取り戻す」ための活動に対する支援を求めている（一二月二二日）。

今後は、放射線量測定マップの定期的な更新（四季ごとに年三～四回程度）を予定している。二回目以降は、未来支援センター放射線対策担当が、高性能な測定器であるサーベイメーター（ALOKA社TCS-171B）を貸し出して技術指導し、調査の精度を上げる計画である。

また、国が実施する農産物モニタリング調査では調査点数が不十分であり、自家野菜を含めた安全性を確認する術がない。そこで、地区公民館の一室を借り、食品放射性物質簡易測定機（NaI（Tl）シンチレーション検出器、カタログハウスからの無償貸与）を設置（一〇月二二日）し、自家野菜を含めた農産物の放射性物質汚染実態調査も開始している。

さらに、一一月二八日に暫定規制値を超える米の存在が明らかとなり、米の出荷自粛が要請されて以降、栽培圃場が特定される玄米を中心に検査を実施し、検査結果をマップ上に整理する作業を始めた。測定後の玄米の一部はゲルマニウム半導体測定器（福島大学所有）を用いて再検査し、測定器のクロスチェックを実施、独自検査の精度を担保している。今後は、研究機関との連携により、土壌汚染の実態調査にも着手する計画である。

未来支援センターは取り戻す会に対して、①発足前から現役員の相談に応じて組織設立に助力、②役員会などに出席して活動に関する具体的なアドバイスの提示、③設立総会や報告会における講演のコーディネート、福島県の農業をめぐる状況やウクライナ・ベラルーシにおける農業復興の取り組みなどの紹介、④放射性物質測定器の使用方法についての指導、⑤ゲルマニウム半導体測定器を活用した土壌・農産物の汚染実態に関する調査研究活動の実施など、直接的・間接的な支援を続けてきた。また、小国地区の活動を食と農の再生につながるモデル的な取り組みとして評価し、福島県はじめ行政機関に報告、制度化と他地域への普及に向けた具体的な働きかけも行っている[8]。

## 5 取り戻す会の活動の意義と未来支援センターの役割

取り戻す会の活動の意義は以下の三点に整理できる。すなわち、①自治機能の保持、②

地域の現状の総合的な把握、③行政に対する具体的な要望のとりまとめである。

前述のように小国地区は、点的な避難が促されたことによって、全世帯が集まって自治会単位で活動を行うことが困難になってしまった。そのなかで取り戻す会は、活動理念を共有する会員を集め、複数の委員会によって多様な問題への対策を話し合い、班単位による迅速な情報伝達を行うことで、組織活動の実効性を高めている。その結果、状況が刻々と変化する被災地において、地域再生に向けた取り組みを実施する自治組織としての機能が発揮されている。

また、空間放射線量測定を目的とした班単位の巡回は、集落内の耕作状況や居住状況など地域の現状を確認する機会ともなる。この活動は、リーダー層による地域の総合的な実態把握に結びつく。

さらに、これまでは、行政や農業団体などが地域住民を一堂に集めて意向を集約するなど、ボトムアップによる政策立案を行う姿勢が圧倒的に不足していた。取り戻す会は活動内容を市長に報告するなど、住民の意向を政策に反映させる活動に取り組んでいる。

活動成果の一つである住空間・農地空間線量測定マップは、①次年度の営農計画策定に向けた具体的な協議、②営農指導、除染対策に向けた大学や研究機関への協力要請、③復興支援事業などの資金獲得へ向けた取り組みを行ううえで、重要かつ不可欠な基礎資料である。このように実践的に確立された汚染実態調査体制は、広く自治体や住民組織で採用可能であり、他の被災地へも普及させられる有用なシステムであるといえる。

放射能汚染地域において、生産者と消費者がともに納得できる安全・安心な農産物流通を構築し、地域住民の健康を守るためには、体系立てた実態調査と、それに基づいた対策を講じることが求められる。未来支援センターは取り戻す会の活動に寄り添い、サポートを続けながら、体系立った検査体制の整備に向けて、①多くの主体が実施可能で、かつ科学的精度を保てる測定マニュアルの作成、②地域の人的資源の活用方法のモデル化、③独自検査体制の制度化に取り組んでいる。

取り戻す会のこれまでの歩みは、「どんなにつらい事実であろうと、自分の住空間と先祖代々から受け継いできた農地が放射能によってどれほど汚染されているのかを知りたい。そのうえで、可能なかぎりの対策を講じ、復興への歩みをすすめたい」という、住民自身の強い意思によって導かれてきた。その活動は、未来支援センターが掲げた復興への道筋そのものである。

いま多くの人びとが、故郷を離れることを余儀なくされ、帰還・復旧・復興の諸段階が複雑に絡み合った混沌とした毎日を送っている。未来支援センターには、地域住民による実践から地域再生の道を描きだし、未来を照らす一筋の光として、多くの人びとへ届ける責務がある。また、放射能汚染と正面から対峙し、地域のこれからの道を切り開こうとしている「ふくしま」の現状を世界中の多くの人びとに伝える役割も担っている。

（1）うつくしまふくしま未来支援センターの概要は以下のとおりである。二〇一一年度の予算規模は一億五三九四万円（国の平成二三年度第三次補正予算に盛り込まれた文部科学省の「大学等における地域復興のためのセンター的機能整備事業」による補助）、スタッフは二三名（福島大学の教授らによる兼任スタッフ一四名、採用済みの専任スタッフ三名、一月現在採用公募中のスタッフ六名）で、「企画・コーディネート部門」「復興計画支援部門」「環境エネルギー部門」「こども・若者支援部門」の四部門によって構成されている。二〇一三年までには、福島大学構内に活動の拠点施設となるセンター棟を建設する計画である。

（2）市町村の区域の一部において、農作業や農業用水の利用を中心に、家と家とが地縁的・血縁的に結びついた、社会生活の基礎的な地域単位。農業水利施設の維持管理や農機具の利用、農産物の共同出荷などの農業生産面ばかりでなく、集落共同施設の利用、冠婚葬祭その他生活面にまで及ぶ密接な結びつきのもと、さまざまな慣習が形成されており、自治および行政の単位としても機能している。

（3）経済産業省ホームページ「警戒区域、計画的避難区域及び特定避難勧奨地点がある地域の概要図（平成二三年一一月二五日現在）」『東日本大震災関連情報』。http://www.meti.go.jp/earthquake/nuclear/pdf/111125d.pdf、二〇一二年一月二〇日アクセス。

（4）伊達市ホームページ「市内の環境放射線測定値」『震災・原子力災害関連情報』http://www.city.date.fukushima.jp/groups/hosyasen/housyanou-all.html、二〇一二年一月二〇日アクセス。

(5)首相官邸ホームページ「特定避難勧奨地点について(平成二三年七月一日更新)」『東日本大震災への対応~首相官邸災害対策ページ~』http://www.kantei.go.jp/saigai/faq/20110701genpatsu_faq.html、二〇一二年一月二〇日アクセス。Q&A形式の記述の、質問文を除いた一部を抜粋した。

(6)農林水産省ホームページ「農地土壌中の放射性セシウムの分析値」『(プレスリリース)農地土壌の放射性物質濃度分布図の作成について(二〇一一年八月三〇日)』、http://www.s.affrc.go.jp/docs/press/pdf/110830-24.pdf、二〇一二年一月二〇日アクセス。

(7)小山良太「評論:原発事故と農業被害、徹底した汚染調査」『福島民友』二〇一一年七月二七日。

(8)「地産地消運動促進ふくしま協同組合協議会」と、福島大学うつくしまふくしま未来支援センター復興計画部門・産業復興支援担当が連携し、食と農の再生に向けたモデル的取り組みの実態を調査している。その結果から、行政がとるべき対策について、福島県に具体的に提言する計画である(福島県委託事業「平成二三年度あぶくま食材地産地消推進事業」、実施主体:地産地消運動促進ふくしま協同組合協議会、事業報告書として提出)。なお、モデル的取り組みの実施主体として、取り戻す会と、二本松市東和地区の「NPO法人ゆうきの里東和ふるさとづくり協議会」の二団体を選定した。

# 第５章

# 有機農業が創る持続可能な時代

長谷川 浩・菅野正寿

第5章は、本書のまとめである。編者二人が、子どもたちの未来を守る持続可能な社会をどう創っていくことができるかを述べた。そのポイントとしているのは、有機農業である。

まず、現在の都市型の日本社会がいかに持続可能でないかを、気候変動、ピークオイル、食料危機の三点から概説したうえで、持続可能な社会のモデルとして、江戸時代と一九五〇年代の農村を紹介している。いずれも、再生可能資源に依拠し、前者は完全な循環型社会として、後者は現代にもっとも近い循環型社会として、地球の限界を意識せざるをえない私たちが学ぶべき点は多い。

有機農業を核とした地域再生の試みは、ここで簡単に紹介されている埼玉県小川町をはじめとして、少しずつ広がってきた。東和地区は、その格好のモデルである。そして、内部循環・低投入・自然共生という有機農業技術の根幹は、持続可能な社会の条件でもある。

これらをふまえて、脱原発から脱成長まで一〇の「フクシマ発持続可能な社会への提言」を収めた。読者とともに実践することで深めていきたい。

## 1 持続可能でない日本

### ◆三・一一から学んだこと

四季が明確な日本列島は、世界でも類まれなほど自然に恵まれた国である一方で、地震や火山も非常に多い。日本列島はユーラシアプレート、フィリピン海プレート、太平洋プレート、北米プレートの境界上に横たわり、これらのプレートは毎年数㎝動いている。プレート間のひずみで大地震が起き、割れ目からマグマが噴き出して火山となる。そうした脆弱な地盤の上に原子力発電所を建設し、「絶対に安全」と言って国策として推進してきた。国や電力会社の責任は重大だが、それを看過した国民にも一定の責任はある。

過去の歴史を振り返ると、短い期間に地震と火山の噴火が頻発した時代がある。平安時代前期の八六三年から八八七年のわずか二五年間に、七回の大地震と四回の主要火山の爆発が起きている(表1)。もっとも大きな地震は貞観《じょうがん》一一年(八六九年)に三陸沖で発生した貞観地震で、マグニチュードは八・四以上だった。

多くの日本人は、科学が進歩すればできないことは何もないと錯覚したが、大地震も大噴火も正確に予知はできない。東日本大震災によって、大自然の脅威の前で人間は微力な

表1　863～887年に起きたおもな地震と火山の噴火

| 西暦 | 種　類 | 場所／火山名 | 備　　考 |
|---|---|---|---|
| 863 | 大地震 | 富山県、新潟県 | |
| 864 | 火山噴火 | 富士山、阿蘇山 | |
| 867 | 火山噴火 | 阿蘇山ほか | |
| 868 | 大地震 | 兵庫県西部 | マグニチュード7.0以上 |
| 869 | 地震 | 兵庫県南東部から大阪府北中部 | |
| | 大地震 | 三陸沖 | 貞観地震、マグニチュード8.4以上 |
| 871 | 火山噴火 | 鳥海山 | |
| 874 | 火山噴火 | 開聞岳 | |
| 878 | 大地震 | 関東地方 | |
| 880 | 大地震 | 島根県東部 | |
| 881 | 大地震 | 京都ほか | マグニチュード6.4 |
| 887 | 大地震 | 南海地震 | マグニチュード8.0～8.5 |

（出典）「国史が語る千年前の大地動乱」『日経サイエンス』2011年6月号、36～39ページ。

存在であることを私たちは思い知らされた。科学と技術は、決して万能ではない。大津波に対して、多くのコンクリートの堤防は無力であった。それどころか、堤防を過信した多くの人びとが津波にのみ込まれたのだ。最善の方法は、津波が届かない高いところへ逃げることだった。

東日本大震災からもっとも学ぶべきは、人間の微力さをわきまえ、大地震や火山噴火などの自然の脅威に対して畏敬の念を抱くことである。当然、毎日の生活スタイルも社会のあり方も根本的に見直さなければならない。大都市が自然災害にいかに脆いかも思い知らされた。だが、ほとんどの日本人は、直下型地震や大型台風などの大きな自然災害が大都市を直撃すると想定してこなかったのではないだろうか。

## ◆大都市に偏った社会の仕組み

現在の日本人、とくに都市住民は、ライフラインによって供給される電気、ガス、水道をほしいときにほしいだけ使える生活を送っている。大半の電気は、石炭、石油、天然ガス、原子力、水力を使って発電する。火力発電の燃料である石炭、石油、天然ガスも、原子力発電の原料であるウランも、ほとんどは輸入に頼っている。国内で生産されるのは、バイオマス、太陽光、水力などをあわせても、わずか四％にすぎない。

水力発電は国内で行われてきたが、地方の河川で発電した電力を東京などの大都市に送ってきた。東京都の水道水の水源は、奥多摩町の小河内《おごうち》ダムを除き、関東の他県にある荒川水系と利根川水系の一〇のダムにほぼすべて依存している。

原子力発電も同じ構図だ。国内に五四基もありながら、東京をはじめ大都市には一基もない。だから、大都市で放射能漏れ事故が起きず、一ワットも東京電力の電気を使っていない福島で放射能漏れ事故が起きたのは、必然であった。原子力発電所で生まれる放射性廃棄物も同様で、青森県の六ケ所村をはじめとする地方に押しつけ、大都市では一カ所も保管されていない。

大都市が繁栄すればするほど、地方は疲弊していく。お金も、権力も、情報も、大都市に圧倒的に集中するからだ。人口も圧倒的に大都市が多い。そもそも、就職口と高い給料、高等教育の集中によって、地方は人材を奪われた。コンクリートと高層ビルに囲まれて自然から隔離され、食料も水もエネルギーも地方に依存し、エネルギーを大量消費しなければ一日として存続できない。しかも、産業廃棄物や放射性廃棄物などさまざまなごみは地方に押しつけてきた。そんな大都市の存在自体、まったく持続的ではない。

## 2 二一世紀は大変動の時代

### ◆有限な地球

大都市にはモノも情報もあふれ、お金さえあれば、いくらでも消費できる。食料も同じだ。お金さえ払えば、無農薬の有機農産物だって、ほしいときに、ほしいだけ手に入る。

では、こうした状況は持続するだろうか。残念ながら、答えは「ノー」である。二一世紀の終わりまでに、世界の人口は一〇〇億人に達する見込みだ。中国、インド、ブラジル、ロシア、東南アジア諸国、アフリカ諸国が経済成長して、現在よりずっと多くの石油などのエネルギー、金属資源、水、食料を求めるだろう。たとえば、二〇〇八年時点でG6（アメリカ、日本、ドイツ、イギリス、フランス、イタリア）の一五％にすぎないBRICs（ブラジル、ロシア、インド、中国）の経済規模は、二〇五〇年にはG6の一・五倍になると予測されている。

しかし、地球は有限だ。石油供給ひとつとっても、際限ない需要増を満たせなくなる日は近い。食料の増産にも限界がある。そもそも食料の増産は石油に依存して達成されており、石油が不足すれば大幅減産になる可能性がある。

淡水はますます貴重な資源となり、すでに争奪戦が起きている。アメリカ、インド、中国では地下水を汲み上げて灌漑農業を行っているが、地下水はいつか枯渇する。黄河、インダス川、ガンジス川などは水の使いすぎで、乾期には流れがほとんど干上がってしまう。日本は世界に「冠たる」食料輸入国で、こうした貴重な水を使って育てた食料の輸入によって、間接的に外国の貴重な水資源を消費している（バーチャルウオーター）事実を忘れないでほしい。

エコロジカル・フットプリントという考え方がある。便利な生活を支えるために、どれだけの国土面積が必要かを指標化するのだ。日本の消費を支えるためには、農地・牧草地が五〇万㎢、森林が二二万㎢、二酸化炭素の吸収に必要な土地が二七〇万㎢、海洋・淡水が二三五万㎢、合計五八〇万㎢が必要であるという。これは、日本の国土面積（三七・八万㎢）の一五倍だ。日本の国土一四個分の外国の土地を使わなければ、現在の日本は維持できない。生活スタイルや社会のあり方が国土がもつ容量をはるかに超え、まったく持続的でないのは、あまりに明白である。

では、現在の生活スタイルや社会のあり方をこのまま続けると、どのような結果が予測されるだろうか。気候変動、ピークオイル、食料危機について、より詳しくみてみよう。

## ◆暑くなる地球

二〇〇三年にヨーロッパを襲った熱波によって、フランス、ドイツ、チェコなどでは前年より一〇℃以上も高温になり、ヨーロッパ全体で少なくとも五万二〇〇〇人が死亡したといわれている。さらに、二〇〇五年のハリケーン「カトリーナ」、オーストラリアにおける二〇〇七年の大旱魃と二〇一一年の大洪水。日本では二〇一〇年八月の平均気温が平年より二・二五℃も高く、観測史上もっとも暑い夏であった。人間活動、とくに化石燃料による二酸化炭素の排出が、これらの最大の原因であることは疑いようがない。

二〇一一年の一一〜一二月に南アメリカで、今後の気候変動に関連する二酸化炭素などの排出について話し合う国際会議（通称ＣＯＰ17）が行われたが、政治家たちは問題を先送りし、ほとんど何の進展もなかった。もはや、気候の大変動は止められないだろう。状況は今後さらに悪化し、以下のようなシナリオが予想される。

①ヒマラヤやチベット高原など「世界の屋根」といわれる地域の氷河が消失する。その結果、中国の長江（揚子江）や黄河、インドのガンジス川、パキスタンのインダス川、東南アジア諸国のメコン川が乾季に渇水して、農業生産に甚大な被害を及ぼす。日本でも、山間部に雪として蓄えられる淡水が減れば、稲作に大きく影響する。

②温暖化によって海洋からの水分の蒸発が盛んになり、より大量の水蒸気が大気中に蓄えられ、より強いハリケーンが発達しやすくなる。温暖化がさらに進むと、海水が熱膨張し、グリーンランドや南極の氷河が溶けて、海面が上昇する。東京、名古屋、大阪をはじめ、海抜ゼロメートル地帯に発達した世界の大都市は、高潮で容易に浸水される。カトリーナ級の台風がこれらの大都市を襲えば、ゼロメートル地帯は完全に水没して大打撃を受けるだろう。

## ◆間近に迫るピークオイル

地下資源は有限で、無尽蔵ではない。一九七二年にローマクラブが『成長の限界』でいち早く予測していた。最近では、レスター・ブラウン氏が毎年のように警告している。とところが、新聞やテレビのニュースは目先のことしか眼中にない。相変わらず、ほとんどが毎年右肩上がりの成長を期待する。

しかし、実際には、石油文明は大きな曲がり角を迎えようとしている。「ピークオイル」を過ぎようとしているからだ。石油がすぐ枯渇するわけではないが、増産がむずかしくなり、ついには減産に向かう。これがピークオイルだ。それがいつかについては、二一ものの予測がある。二〇〇五年にすでに迎えたという悲観論から、二〇二五年以降であるとする楽観論まで、さまざまだ。平均すると、二〇一二年の計算になる。

いずれにせよ、際限のない石油需要を二度と満たすことができなくなり、世界の石油需給バランスは大きく変わる。単刀直入に言えば、未曾有の、そして最後の石油ショックが起こる。そのとき、次のようなシナリオが考えられる。

①石油、そして石油を原料とする製品の価格が高騰する。

②さらに供給不足が深刻になると、石油使用量の大幅制限（たとえば配給制）が起こる。お金を払っても、ほしい量の石油は手に入らない。

③その結果、長距離・大量輸送が困難となり、グローバル経済が終焉する。

④長距離・大量輸送に依存した大都市は、外部からのモノの供給と廃棄物の搬出が滞り、機能不全に陥る。

天然ガス、石炭、オイルシェール、石炭、原子力があるから大丈夫、と思う人がいるかもしれない。

だが、日本はアメリカ、ドイツに次いで世界第三位の天然ガス輸入国である。石油が足りなくなったからといって、天然ガスの輸入量を大幅に増やすのはむずかしいだろう。そもそも、天然ガスで飛行機は飛ばせないし、船は動かせない。石炭は石油以上の資源量があるとされているが、その使用量を大幅に増やした場合、二酸化炭素の排出増に起因する気候変動によって人類は破滅を迎える。

オイルシェールなどの「非在来型石油」と呼ばれる資源は、石油や天然ガスのように圧力で自噴しないし、粘性が高くて抽出に手間どる。さらに、多量に含まれる不純物からの精製という点で効率が非常に悪い。石油と同等に使おうとすれば、前処理段階で大量の二酸化炭素を放出する。原子力発電の原料であるウランも、有限である。しかも、原子力発電は電力しか賄えず、飛行機はもちろん、トラックや船による長距離輸送にも使えない。

## ◆深刻な食料危機

石油が不足しても、気候が変動しても、人は食べなければ生きていけない。世界の食料生産が石油漬けになるなかで、日本は食料・飼料の約六割を輸入している。日本の食料自給率は先進諸国で最低だ。米は九七％、魚介類は六〇％を自給しているものの、油脂類は一三％、小麦は九％、畜産物は七％、大豆は六％にすぎない。一人一日あたりの熱量でみると、国内農産物による部分はわずか一〇一一キロカロリー。国内生産だけでは餓死線上である。

最後の石油ショックが深刻になれば、食料や飼料の輸入が大幅に落ち込む。国内生産が大幅減産しても、決して不思議ではない。

さらに深刻なことに、農業の担い手が高齢化して、農業者数が急速に減少している。現在、農業者、すなわち自分の食べものを自ら育てる能力のある人の六割が六五歳以上だ。ここで問題なのは、高齢者が農業をしていることではなく、若い世代（五〇歳未満）が一二％しかいないことである。しかも、絶対数が急減している。一九六〇年に一七六六万人いた農業従事者は減少の一途をたどり、一九八五年には一一六三万人、二〇一〇年には七一五万人と、五〇年間で一〇〇〇万人以上も減少した。このままのペースで推移すると、都市住民も農業生産に携わらねばならない時代が間近ではないだろうか。

食料価格の高騰は、問題の序の口である。日本にとって最大の難題は、石油に頼らずに国民に必要なカロリーとタンパク質の量を確保して、国内自給できるかどうかである。しかも、長距離輸送はコスト的に合わなくなるから、地産地消が基本となる。食料不足が深刻になれば、誰もが耕さなければ食べられない事態さえ想定される。

### ◆二二世紀の子どもたちにツケを押しつけないために

今後も気候変動とピークオイルに対して実効性ある対策を打ち出すことができないシナリオを仮定すると、約九〇年後の二二世紀には、石油が枯渇し、放射性廃棄物が残されることは明らかだ。地球の気候がどうなっているか正確にはわからないが、二〇世紀の温暖な気候と大きく異なっていることは想像にかたくない。このままでは、二〇世紀と二一世紀初頭のツケを二二世紀の子どもたちに押しつけることが避けられない。

二〇一一年三月一一日を境に、持続可能でリスク分散型の社会に大転換を図らなければいけない。私たちは変わらなければいけないのだ。真に持続可能でリスクの少ない社会を二二世紀に残すために。

## 3 これから発生するリスク

放射線は人体にとって危険きわまりない。天然の放射線も人工放射線も有害だ。天然の放射線は避けようがないが、今回の原発事故で排出された放射性セシウム、ストロンチウム、プルトニウムは土壌と食品のモニタリングに基づいて、人体に取り込まれる量を極力少なくしなければならない。人体に残留するセシウムの量は、ホールボディーカウンターでモニタリングする必要がある。その点で、市民放射能測定所はモデルケースとなる。そして、健康管理体制を早急につくる必要がある。

もっとも深刻な放射能汚染を被ったのは里山である。大雨が降るたびに、里山のセシウムが水田や河川を通じて海へ流出するだろう。大きな河川についていえば、福島県では阿武隈川を通じて宮城県へ、阿賀川を通じて新潟県へ、関東では利根川を通じて東京湾や太平洋へ流出する。流域スケールで、きめ細かいモニタリングを行わなければならない。

五四基の原子力発電所は、二〇一二年にすべて停止して、廃炉にしよう。これまでに貯まった放射性廃棄物は電力を大量消費した大都市に保管し、地方には決して押しつけないでほしい。原子力発電所の輸出は、中国、東南アジア、インドなどの近隣諸国だけでなく、世界中のどこの国に対しても行うべきでない。

ただし、放射線だけがリスクではない。都市の便利な生活は、膨大な種類の化学物質に囲まれている。市販の多くの農産物の生産過程では、依然として有機リン剤やネオニコチノイドなどの農薬が使われ、人体に対する神経毒性が危惧される。ほとんどの輸入農産物には、輸送過程や貯蔵過程で農薬が散布されている。ファストフードのハンバーガーやフライドチキンの原料には、家畜の成長を速めるための合成ホルモン剤や家畜に病気を起こさないための抗生物質が使われている。住まいでは一匹の虫も許さないための殺虫剤・防虫剤、芳香剤、合成洗剤などが使われ、化学物質が人体に取り込まれているであろう。

一つひとつの化学物質が人体に取り込まれる量はごく微量で、ただちに健康への影響はないかもしれない。だが、膨大な種類の化学物質を取り込んで、短期的あるいは中期的にどのような害があるだろうか。有吉佐和子は一九七五年に『複合汚染』で、この問題を警告した。それから三七年が経った現在も、膨大な化学物質の複合汚染による人体への影響の正確なところは、誰にもわからない。ただ、人間も家畜も免疫力・生命力の弱い体質になっていると思えてならない。

また、前述した自然災害も大きなリスクである。そのリスクを減らしたいのであれば、大都市には住まないことだ。今後は食料危機も大きなリスクになるだろう。そのリスクを減らしたいのであれば、食料の生産地である地方に住んだほうがいい。

二〇一一年が福島にとってたいへん不幸な年であったことは、言うまでもない。原発事故を苦にした自殺者は、いまも後を絶たない。このような不幸は、二度と起こしてはならない。それでなくとも、日本は世界有数の自殺社会で、毎年三万人もが自ら命を絶っている。うつ病患者は一〇〇万人を超えた。競争が激化し、達成感も居場所もない社会ではなく、お互いに助け合い、本音で話し合って本当の意味でつながり合い、居場所がある社会が必要だ。

## 4 日本にも持続的な社会はあった

### ◆江戸モデル

よく知られているように、江戸時代は衣食住すべてが完全循環型社会であった。たとえば、稲の収穫後の稲わらの利用はきわめて多様である（カッコ内は現在にあてはめたもの）。笠（帽子）、蓑《みの》（コートや雨合羽）、わらじ（スニーカー）、俵（米袋）、酒樽や米びつのこも（保温用の断熱材）、弁当箱、わらつと納豆、屋根、畳、むしろ、土壁の補強剤。また、竹はざる、味噌こしや茶こし、火吹き竹、傘の骨などの工芸品、日用品、おもちゃに利用し、皮は食品などの包装に使った。

衣服は、大麻や苧麻《ちょま》（カラムシ）などの麻、綿、藤、楮《こうぞ》、葛、絹などの自然の素材で織った。囲炉裏《いろり》は煮炊きや暖房に加えて防虫も兼ね、とても合理的にできている。かまどの灰の用途は、カリウム肥料、お酒の醸造過程における殺菌、楮から和紙を作る際や絹の不純物除去、染色の補助剤、焼物の釉薬《うわぐすり》、洗剤と、非常に広い。夜の照明は、菜種油、綿実油、鯨油などを使った行灯《あんどん》が中心だ。紙の原料に使うのは楮や三椏《みつまた》などの樹木の新梢だけなので、森がなくなることはなかった。人糞尿が貴重な肥料資源として売買されたのは、よく知られている。

資源循環（リサイクル）がうまく機能した大きな理由は、回収と修理・再生を行うさまざまな仕事が「小さなビジネス」として成立したからである。たとえば、提灯《ちょうちん》の張り替え、錠前（鍵）・そろばん・めがね・こたつやぐらなどの修理、包丁研《と》ぎ、古着・雨傘・かまどの灰の販売などで生計を立てていた人たちが、かなりいた。現在のように、リサイクルのために税金を投入したわけではまったくない。

このように江戸時代は、太陽から得た原料とエネルギーを使った完全循環型社会を実現し、再生できない資源やエネルギーはほとんど使っていない。しかも、当時の欧米諸国のように植民地からの搾取なしに、それを実現していた。これは世界の歴史に誇るべきことである。

## ◆一九五〇年代の農村モデル

一九五〇年代（昭和二〇年代後半〜三〇年代前半）には、地域資源を活用した農林水産業が全国各地で健在だった。いまそれを知るのは、七〇歳以上のお年寄りである。私たちはお年寄りから、石油文明に毒される以前の、地域資源に依拠して自然に寄り添った農林水産業や暮らしの知恵を学ばなければならない(1)。

ここでは山形県置賜《おきたま》地域の平坦地農家の平均的な暮らしを紹介しよう。

主食は、篩《ふるい》から落ちた二番米、大麦、ジャガイモ、かぼちゃである。かぼちゃは堤防で育てた。大根や漬け菜で増量した糧飯《かてめし》もよく食べた。秋には栗やクルミを拾う。肉を食べるのは年に数えるほどしかない。乳製品や卵は病人の滋養食と考えられ、現金収入の足しにするため販売したから、自家消費は限られていた。飲み水は井戸水で、汚れを落とすために利用したのは灰、米ぬか、サイカチ(マメ科の落葉高木)のさや(天然石けんの一種)だ。

おもな燃料源は薪である。こたつと囲炉裏には炭を、炊飯には籾殻を使った。三月ごろになると、近くの里山から切り落としたミズナラを雪を使って滑り落とし、九〇cmほどに切ってソリに積み、人力で家まで運んだ。そして約三〇cmに切り、さらに縦に裂いて、日当たりのよい場所に積み上げ、夏まで乾燥させる。畦にはハンノキを植えて、燃料にした。ミズナラとハンノキで、秋から一年間使用するのに十分な薪が確保できた。夜の照明には電気を使ったが、プロパンガスや灯油はまだない。交通手段はほとんどが徒歩で、一日に三〇km歩くことも珍しくなかった。

裕福な農家には馬がいたが、普通の農家では役肉兼用の牛を一〜二頭飼っていた。牛は母屋の一角で飼われ、まさに家族の一員である。五〜六年間飼って出荷し、現金収入とした。餌は、稲わら、畦草、河川敷の草に加えて、米ぬかや残飯。大麦わら、稲わら、茅《かや》を敷料とした。踏ませた厩肥《きゅうひ》は一カ月に二〜三回搬出して、春まで野積みする。鶏が数羽、ウサギが二〜三羽、山羊が一頭飼われている農家も珍しくなかった。尿と糞を分離できた場合には、尿を田畑にある肥溜《こえだ》めに運んで発酵させ、液肥として利用する。糞と、分離できなかった糞尿は、野積みの厩肥に混ぜた。

稲作がもっとも重要な収入源で、次が養蚕である。年に四回、繭の生産を行い、そのために必要な桑畑を所有していた。蚕《かいこ》の飼育時期には、母屋の中心を蚕が占拠した。また、面積が広い農家の田植えや手取り除草を手伝って、日銭《ひぜに》を稼いだ。

ただし、暮らしは決して豊かではなかった。最大の理由は、食料難の時代で、政府が供出米制度によって一九五四年度まで強制的に米を安く買い取ったからである。おもな現金支出は、教育費、薪・炭の購入費、衣服、農薬・化学肥料、農具、塩、黒砂糖、海の魚など。室内用の白熱電球以外に、家電品は皆無であった。農薬や化学肥料の支出も多くはない。借金が必要な場合は、金持ちの農家に頼みにいった。米の買い取り価格が正当であれば、農家の暮らしはもっと豊かで、ゆとりをもてただろう。

5 有機農業が拓く世界

## ◆有機農業の本質

有機農業は、単に無農薬の食べものを生産する産業ではない。有機農業の本質は、生きものとしての穀物・野菜・果樹・家畜の生命力を引き出し、置かれた自然条件を力ずくで変えるのではなく、活かすことにある。有機農業は永続的な暮らしであり、顔の見える信頼関係であり、地域に根ざした生活でもある。

こうした有機農業のロマンに引かれる人は、着実に増えてきた。新たに農業を始める人の半数以上は、有機農業を希望している。農業で生計を立てたい人だけではない。自然に回帰して地方で暮らしたい人も、当然のように有機農業で自らの食べものを作ったり、加工を行っている。農家は元来、自らの食べるものを育て、加工・調理し、自給してきた。この本来の姿を取り戻すのが有機農業である。

だから、消費者に対しても商品としての有機農産物を販売するのではない。農家の自給の延長線上に消費者の食べものを位置づけ、定期的に交流し、信頼関係を構築していく。

## ◆有機農業技術の根幹②

①内部循環

水田や畑の内部循環を高める。たとえば、水田で冬から春にレンゲや雑草を生やし、春に鋤き込む。水田や畑の残渣を家畜に食べさせ、家畜の糞を発酵させて水田や畑に戻す。畑には、野菜や穀物だけでなく、土をつくるために緑肥にする植物を育てる。

②低投入

水田や畑の外部から大量の有機肥料や堆肥を投入しない。低投入によって、作物が健康に育つ。さらに、排水のよい水田では、水稲のほかに大豆や小麦・大麦を栽培すると、よく育つ。家畜の餌は牧草やわらなどの残渣を中心に与え、動き回ることが可能なスペースを確保する。

③自然共生

自然条件との共生が原則である。たとえば、水田で冬から春に生える雑草や果樹園に生える雑草を伸ばしてから刈り取ったり鋤き込んで、土壌改良を図る。野菜は、害虫や病気の発生が少ない時期(旬)に育てる。水田ではヤゴ(トンボの幼虫)やオタマジャクシ(カエルの幼生)に、麦畑ではヒバリなどの子育てに、配慮する。

## ◆有機農業を核とした地域再生

地域の再生は、農業だけでは達成できない。有機農業に関連する食品加工やレストランなどとの連携が欠かせない。そのモデルは、埼玉県小川町にある。

一九七一年に有機農業を始めた金子美登氏は、家族が生計を立てるだけでなく、地域経済に波及してはじめて有機農業の価値があると考えてきた。最初の出会いは造り酒屋で、有機米で造った日本酒(おがわの自然酒)が人気を呼んだ。次は小麦(農林61号)を使った乾麺と醤油で、それぞれ地元のメーカーで生産されている。続いて、有機大豆(青山在来)を豆腐屋が全量買い取りした。この豆腐屋は有機豆腐を頂点に多くの大豆関連商品を展開し、週末は来客で大盛況である。

さらに、二〇〇九年からは、有機米(コシヒカリなど)をさいたま市のリフォーム会社が全量、社員用に買い取るようになる。地元の米屋が、そのための精米・出荷を委託された。現在では集落の四〇haの水田がほぼ有機栽培され、出荷農家は買い取り価格に満足している。

こうして、金子氏が取り組んできた有機農業が地場の食品産業の発展に大きな一助となり、集落も活気づいた。換言すれば、有機農業を核として人びとが手を取り合うことによって、地域経済が再生したのである。

## 6 有機農業が創る持続可能な時代

### ◆耕したから希望の光が見えた

二〇一一年の春、福島県の農家は究極の選択を迫られた。とどまるべきか、逃げるべきか。新天地を求めて避難した農家もいたが、多くの農家はとどまった。先祖伝来の農地も、生まれ育った自然も、避難できない。避難すれば被曝量は減らせるが、貴重な農地と自然を失ってしまう。それはできなかった。

農家は不安をかかえながら、ガイガーカウンターが品薄で空間放射線量の測定もままならないなか、被曝の危険を冒して耕した。もしかしたら、農産物はすべて高濃度に汚染されているかもしれない。それでも収穫した。その結果は、どうだったか。土壌は汚染されたが、放射性セシウムは奇跡的なほど農産物に移行しなかった。耕したから表面沈着したセシウムが土壌全体に希釈され、土壌自体の遮蔽効果で空間放射線量が低下したのだ。

もし耕していなかったら、空間放射線量は春のまま低下せず、農地は荒れ、農家の心も荒れ、何ひとつ希望を見出せなかったかもしれない。農村社会は崩壊してしまったかもしれない。耕したから、一筋の希望の光が見えた。

## ◆農家と消費者の協働作業で食卓の放射性セシウムをゼロに近づける

春から思えば、収穫された米、野菜、イモ類の放射性セシウム濃度は非常に低かった。ただし、多くの場合ゼロではない。二〇一二年以降、農家は農産物に含まれるセシウムをさらに低減するべく、栽培方法に工夫を重ねていく。また、セシウムは蒸留酒にまったく移行しないから、飲料にできる。基準値を超えた米は廃棄せず、焼酎にすべきである(3)。

だが、農家の努力だけでは、食事をとおして口に入る放射性セシウムをゼロに近づけることはできない。チェルノブイリの経験で、野菜を生で食べるのではなく、よく洗う、ゆでこぼす、塩や酢漬けにして液の部分は捨てるなどによって、セシウムを減らせることがわかっている(4)。日本では、米もよく洗い、入念にとぐ必要がある。消費者は、安易に加工品や輸入品を買うのではなく、国産食材を買い、家で調理して、セシウムをゼロに近づけてほしい。それは、セシウムを減らすための農家との協働作業である。

## ◆大都市一極集中から地方が主役の社会へ

東京をはじめ大都市は、地方に水も電気も食料も依存している。これらを地方から輸送する過程で、エネルギーを大量に使う。すでに述べたように、大都市は今後ピークオイルや食料危機の直撃を受けるだろう。大都市への一極集中構造は、自然災害のリスクにもきわめて脆い。東日本大震災のような大津波が東京を、名古屋を、大阪を襲えば、桁違いの被害が起きることは容易に想像できる。

本当に持続可能な社会とは、一次産業を核にした社会であり、自然豊かな地方が主役となる社会である。有機農業こそが、そうした持続可能な社会を先導できると信じる。一人でも多くが大都市を離れ、たとえ一a（一〇m×一〇m）でもいいから自ら耕し、種を播き、収穫し、自ら料理して食べる。ふるさとの原風景を再生するため、共に耕して種を播く。この営みをとおして、有機農業の力で、地方が主役の時代を創ろうではないか。

## 7 ふくしま発、持続可能な社会への提言

いまを生きる人びとのために、ふくしま、そして日本の大地、自然と海をことごとく汚染してしまった原発事故の惨事を二度と繰り返してはなりません。私たちはこのふくしまから、未来の子どもたちと地球のために、真の持続可能な社会のあり方を提言します。この機会を逃せば、未来永劫、転換できないでしょう。ふくしまの再生が、日本の、そして世界の再生のビジョンとなるように、強く願います。ぜひ、ふくしまの提言を共有してください。世界の英知を結集しましょう。

〈脱原発〉
①日本・アジア、そして世界すべての原子力発電所の即時停止と廃炉を強く訴えます。
〈放射線防護〉
②住民の健康調査と、宅地・農地、農林水産物、食事、農業資材の放射能検査体制の早急な確立を求めます。
〈復興〉
③地域資源循環型有機農業を核に、第一次産業と地域経済を再生して雇用を創出し、住民主導による復興につなげます。
〈自給と自然共生〉
④農家の自給、地域の自給、自然と共生した暮らしを取り戻します。そのために、お年寄りから知恵や技を学び、自然とともに生きていく術《すべ》を身につけます。
〈市民皆農〉
⑤大都市一極集中を解消して、誰もが耕す社会、農山村への帰農をめざします。
〈食生活〉
⑥肉食、化学物質、食品添加物、遺伝子組み換え食品を大幅に減らし、国産の穀物と野菜を重視した日本型食生活を中心とします。

〈第一次産業の振興と備蓄〉

⑦世界的食料危機と自然災害に備え、第一次産業を振興して、食料自給率の大幅な向上と備蓄をめざします。

〈顔の見える関係〉

⑧コミュニティにおいても、都市と農村の間でも、顔の見える信頼関係に基づいた社会と暮らしを再生します。

〈エネルギー〉

⑨エネルギー消費を減らし、分散型・再生可能エネルギーの地域自給を図ります。

〈脱成長〉

⑩経済成長に偏重した社会から減速し、いのちを大切にする、共に生きる社会を創りあげていきます。

（1）多辺田政弘・藤森昭・桝潟俊子・久保田裕子著、国民生活センター編『地域自給と農の論理——生存のための社会経済学』学陽書房、一九八七年。
（2）中島紀一・金子美登・西村和雄編著『有機農業の技術と考え方』コモンズ、二〇一〇年。
（3）実際、ベラルーシでは基準値を超えた農産物でウオッカをつくったという。
（4）境野米子『子どもを放射能から守るレシピ77』コモンズ、二〇一二年。

エピローグ

# 原発と対峙する復興の幕開け

大江正章

## 1 日本人は成長をめざしてはいない

政権交代を果たした民主党が二〇一〇年六月に打ち出したのは、二%を上回る実質成長率をめざす「新成長戦略」であった。そこでは医療・介護、福祉、省エネなどの「新しい需要」が前面に掲げられてはいるが、成長神話を疑わないどころか、加速させようとするものであり、旧来の構造を一歩も出ていない。さらに、その後は「第三の開国」によって、その路線をいっそう強化しようとしている。だが、そもそも、日本人はいま成長を求めているのだろうか。

「経済成長を絶対的な目標としなくても十分な豊かさが実現されていく」定常型社会を提唱する広井良典は、①全国市町村の半数(無作為抽出)と政令市・中核市・特別区計九八六、②四七都道府県に対して、「地域再生・活性化に関するアンケート調査」を二〇一〇年に行った（回収率①六〇・五%、②六一・七%）[1]。その結果を見ると、政府・民主党の政策は国民の大多数の意向から大きくずれていることがはっきりわかる。

たとえば、今後の地域社会や政策の方向性の基本を問う設問に対して、「可能な限り経済の拡大・成長が実現されるような政策や地域社会を追求」と答えたのは一一%にすぎない。七三%は「拡大・成長ではなく生活の豊かさや質的充実」の追求と答えている。また、「グローバル化に対応して外部との交易や対外的な競争力を重視するか、ローカルなまとまりを重視して経済や人ができる限り地域内で循環する方向をめざすか」については、人口五万人以上三〇万人未満の自治体では四五対二六と後者が多数を占め、人口五万人以下の自治体では一三八対三二と後者が四倍以上である。

地域づくりを住民とともに担う主体である地方政府に対して行ったこのアンケート調査は、今後の日本社会が進むべき道を示唆していると見てよいだろう。この結果で明らかになった脱成長志向は、広井自身も予想を上回っていたと述べており、多くの日本人が同様な感想をもつかもしれない。しかし、一九六〇年代以降、ひたすら経済成長をめざしてきたなかで、私たちが生活に満足し、幸せになってきたかと素直に問い返してみれば、うなずける結果ではないだろうか。

国の世論調査（国民生活選好度調査）によれば、日本人の生活満足度（五段階評価）は一九八四年の三・六〇をピークにほぼ一貫して下がっている。バブルがはじけたと言っても一人あたり実質GDPは一九八一年から二〇〇五年に一・六倍になった（二七三万円→四二四万円）。だが、この間に生活満足度は三・四六から三・〇七にまで下がったのだ。(2) 先進国クラブといわれるOECD（経済協力開発機構）による加盟三四カ国の生活満足度調査（収入・仕事・住宅・健康・環境など一一項目の指標）でも、日本は二五位タイ（四カ国が並んでいる）で、日本より低い国は六カ国しかない。

おカネの面では日本人は裕福になったけれど、生活には満足していない。だから、幸せとは感じられない。ブータンの国是が国民総幸福（GNH＝Gross National Happiness）であることは、広く知られるようになった。ブータンを理想視するのは行き過ぎだが、もはやGNP信仰からは卒業するべきときだ。新しい尺度の一つは、たしかに幸福だろう。

そのとき二つの点を重視しなければならない。ひとつは、いまを生きる私たちが感じる満足や幸福だけでなく、長谷川浩が第5章で述べているように、二二世紀の子どもたちにツケを押しつけないために、地球レベルの満足度や幸福度も考えるという視点である。もうひとつは、国家レベルではなく、それぞれが暮らす地域レベルで考えるという視点である。本書に即して言えば、GNPでもGNHでもなく、福島県民総幸福度（GFH＝Gross Fukushima Happiness）を追求していきたい。言うまでもなく、原子力発電はGNHともG

ＦＨとも絶対に共存しない。

いまだに成長ばかりが頭を占めているのは、旧態依然たる経済界と政界である。経済界は経団連を筆頭に、「原発なくして成長なし」とばかりに、強引に原発を再開しようとしている。原発にはやや懐疑的な橋下徹大阪市長も、インタビューで、「今の日本人の生活レベルを維持したい」と述べ、そのためには「競争で勝たないと無理」と語る（『朝日新聞』二〇一二年二月一二日）。いずれも、国民の志向を反映しない時代錯誤の成長路線だ。

## 2 「がんばろう」から「変わろう」へ

「がんばろう！日本」。日本中をこのフレーズが席巻した。では、どこに向かって、どうがんばるのか。

「当たり前のことを聞くな。復興・復旧をめざすに決まっている」と言われそうだ。もちろん、「がんばる」ことは否定しないし、復興・復旧は大切だ。ただし、どこへ向かってかは、よく考える必要がある。

仮に、これまでどおりの高度経済成長を前提とした復興・復旧を「がんばって」めざすのであれば、それには明確に異を唱えなければならない。大規模に農地を集積する、ゼネコンが除染を受注して下請け・孫請けに回す、漁業権を歯止めもなしに株式会社に「開放」する……。そうした復興・復旧を許してはならない。いま本当に大切なのは、「がんばろう」ではなく、「変わろう」だ。これだけの未曾有の人災が起きたいま変わらなければ、日本人は未来永劫、変わることができないだろう。

本書の編者の一人・菅野正寿が二一歳のとき半年間にわたって農と生き方の教えを請うた有機農業の師・星寛治（山形県高畠町在住）は、農民作家・山下惣一との最近の対談で、こう語っている。実に的確に今後の方向性を示しているので、やや長いが、引用したい。(3)

「本当の意味での人間の幸せというのは一体何なのかということを考えると、（中略）先進諸国の使い捨て消費文明にどっぷり浸かっている人々が、物質的な生活からレベルダウンしていき、簡素に心豊かに生きていくという成熟社会の価値観というものを身につけていく必要があるのではないかと思います。

その点、フランスやイギリスなどの最先端の社会学や環境経済学の中では、脱成長というか、経済成長なき発展とは何かという人類的なテーマに向けて、新たな考察や研究を進めているというところが出てまいりました。けれど、オバマのグリーンニューディールにしても、それをもじった日本版グリーンニューディールにしても、大前提として、どうしても経済成長していかなければ人々の幸せは手に入らないという、そこに行き着くのです。そこにとどまっているかぎりにおいては、行き着くところ、結局は地球環境の破壊、自然破壊ということにつながっていくわけですから、その辺まで見通した、新しいライフスタイル、あるいは地域社会のあり方（中略）を模索し探求してみるということが非常に大事なのではないかと私は思っています」

これまで多くの人たちは、経済成長が発展であると信じてきた。一方、星が言及しているのは、「経済成長なき社会発展」をめざすセルジュ・ラトゥーシュをはじめとする思潮だ。それを要約すれば、以下のとおりである。(4)

「問題の核心は、経済性の本質として捉えられる成長論理である。重要なことは、経済成長や開発を環境に優しいものにしたり、悪い成長・悪い開発をよい成長・よい開発に置き換えることではなく、経済から抜け出すことである」

だから、既存の「持続可能な開発」は疑われなければならない。持続可能な開発という言葉は、「環境についても考えておこう」という文脈で、経済成長という麻薬から抜け出せない人たちによって、都合よく語られてきた。そこでは、第4章3で黒田かをりもふれているように、第一次産業の意義はほとんど顧みられていない。本当に持続可能な社会をめざそうとすれば、少なくとも先進国では、開発自体を問い直さなければならない。

また、開発も発展も英語では development だが、その含意は大いに異なる。たとえば、ゴルフ場は開発するが、人間関係は発展する。ゴルフ場を発展するとも、人間関係を開発するとも、表現しない。私たちがめざすべきは、自然と地域を破壊する開発ではなく、人と人、人と自然、地域と地域、作る人・耕す人と食べる人の関係性の発展である。

実はラトゥーシュのような考え方は、すでに一九七〇年代後半から八〇年代の日本で、玉野井芳郎や室田武や多辺田政弘が先駆的に提起してきた(5)。それがバブル期を経て顧みられなくなり、二十数年ぶりに蘇ってきたのである。当時の彼らがその思索を経て共通して注目したのは、有機農業であった。

玉野井は晩年、有機農業に関する研究会を組織し、現場から学んで、『いのちと農の論理』という本をまとめている(6)。地域資源の脱商品化と地域の住民による共同管理、地域複合農業の形成、農村工業と地場産業の振興、他地域との人格的な交流の推進など一〇項目に整理して提起された「有機農業を基礎に自立した農業経営と農村社会のあり方」は、いまもまったく色あせない内容である。

さらに、ラトゥーシュは日本の産直提携に言及し、著書の日本語版への前書きにあたる「『経済成長』信仰の呪縛から逃れるために」で、こう述べている。

「経済アクター間の相互扶助的な取り組みに基づく果物と野菜のこのような友愉《コンヴィヴィ》にあふれる《アル》交換は、まさしく〈脱成長〉《デクロワサンス》の精神《エスプリ》の一部を成すものである(7)」

それらは、高畠町が、東和地区が、そして本書で何度か引用されている小川町が、地域に根ざして行ってきた取り組みである。どう変わるべきかは、もはや自明であろう。ここで、復興を考えるために変わらなければならない基本的な点を整理しておきたい。

第一は、犠牲のシステムからの脱却である[8]。成長型社会では、無責任に犠牲を押しつけるものと犠牲を押しつけられる（犠牲にされる）ものとが明確に区別されている。都会、大企業、第二次産業・第三次産業の利益によって社会は成り立っていて、地方、第一次産業、自然、環境が犠牲を押しつけられてきた。その延長上にアジアやアフリカの途上国がある。そして、多くの人たちが指摘するように原発は犠牲のシステムの典型である。

第二は、自然観の転換である。戦後の日本人は、自然は征服できるものと考えてきた。それが打ち破られたのが東日本大震災である。日本人は元来、自然を恐れ、自然に感謝しながら生きてきた。その視点は、第一次産業を含めて希薄になっていたのではないか。

第三は、おカネの秩序から、いのちの秩序へ、価値観の転換である。いのち以上に大事なものはないという当たり前の事実を、もう一度認識しなければならない。

第四は、第一次産業と地場産業をベースとした地域循環型社会の構築である。すでに各章で述べられているが、ひとつ付け加えるとすれば、中小の工業、商業、金融機関、地域メディアなどもその重要な担い手として位置づけたい。なかでも、信用金庫・信用組合・

労働金庫などが社会的公正をめざす福祉・環境・食・農などにかかわる企業・グループ・個人に低利・無担保の融資を行えば、それらは地域社会でより多くの役割を果たし、適正な利益を生み出し、資金が地域で循環していくだろう。

第五は、故郷への想いの継承である。ここでいう故郷は、生まれ育ったところに限らない。新規就農、定年帰農、移住を含めて、いま暮らすかけがえのない地域こそが故郷だ。そこの人間関係、自然とのつながり、景観や風景など経済ベースと異なるもの(近代の言葉で言えば資源、宇根豊的に言えばめぐみ)は、非常に大事である。

## 3 脱原発社会を実現する

すべての原子力発電所は停止し、廃炉にするべきである。最低限、運転開始後三〇年以上経った原発は、いますぐ廃止しなければならない。それは、国民の広範な意思でもある。原発事故後一一カ月を経て、朝日新聞社が二〇一二年二月に行った世論調査で、「原子力発電を段階的に減らし、将来はやめること」への賛成は六六%を占め、事故三カ月後の調査とあまり変わっていない。脱原発は、総論としては定着したといってよい。にもかかわらず、大飯原発三、四号機のストレステストの評価を「妥当」と強弁する国の姿勢は、強く批判されなければならない。

二〇一一年夏の経験で、電力不足は国と電力会社の恫喝にすぎないことがはっきりした。田中優が指摘するように、産業用の電力料金体系を変え、ピーク需要時の電力料金を上げ、発電所の稼働率を高めるとともに、(9)生活者が適切な省エネに努めれば、混乱は発生しない。

あわせて、飯田哲也らが主張するように、地域分散型の再生可能エネルギー開発に向けて政策を大きく変えていく必要がある。日本は、とりわけ東北地方は、再生可能エネルギーの宝庫だ。海外の経験をふまえれば、固定価格による本格的な全量買い取り制度が導入されれば、風力発電やバイオマス発電は大幅に増えるだろう。一方、自治体や企業では、電気料金の節約とも相まって、電力会社から特定規模電気事業者へ調達先を切り替える動きが広がっている。それを加速するためにも、発電と送配電の分離が不可欠である。

脱原発社会の実現に向けては、国の政策転換だけでなく、自治体の政策転換が重要である。その意味で、脱原発首長会議の創設を期待したい。そして、何よりも、エネルギーを地方に依存してきた都市部の自治体が変わらなければならない。東北や北陸の自治体は、エネルギーの地産地消を呼びかけて、関東や関西の自治体にエネルギー供給の停止を迫ればよい。また、第一次産業を中心とした自治体であれば、エネルギーの完全自給は十分に可能である。

都市部の自治体にもできることはある。二〇一二年二月に来日した市民運動家出身の朴《パク》元淳《ウォンスン》ソウル市長は、私も出席した日本の市民団体との交流会で、こう話した。

「まず、原発一基分の電気の節約と生産を目標にしています。それを積み重ねていけば、原発をなくすこともできるでしょう。危機こそがチャンスです。危機を乗り越えて復興をめざすとき、昔への復帰ではいけない。いまは、再生エネルギーを生み出して新しい社会をつくるチャンスでもあると考えています」

東京都知事からは絶対に聞けない言葉だ。住宅の屋根への太陽光パネルの設置、屋上庭園、都市近郊に小さな田畑を整備するなど、具体案も次々と語られた。

「こうしてグリーン都市をつくっていけば、二〇一四年には原発一基分が減らせるのではないでしょうか」

これらは、日本の都市部の自治体がすぐに取り入れられる政策ばかりである。

## 4 分断を乗り越える農の力

福島のみならず東日本の生産者も、「顔の見える提携関係」のもとでその米や野菜を食べてきた人たちも、スーパーや生協で食べものを買う消費者も、すべて原発事故の被害者である。にもかかわらず、第4章4で戎谷徹也も指摘するように、作る人と食べる人の間に分断と対立の構造が生み出されてしまった。しかも、安全性に敏感で、環境への意識が高い人ほど、東日本の生産者との関係を解消する傾向が強い。二〇一一年夏に行われた日本有機農業研究会四〇周年記念シンポジウムで、福島県のベテラン有機農業者が語った。

「提携に熱心だった人ほど、年配の方を含めて、さっさと、足早く離れました。提携だけでやっていたら、今日ぼくはここへ元気で来られませんでした」

これに対して、熱心に販売してくれる一般市場もあり、地元スーパーの有機コーナーも健闘しているという。多くの関係者の話を総合すると、福島県のみならず東日本各地で、提携型の生産者は平均して三割の消費者から契約をキャンセルされている。

かつて提携と言えば、生産者と消費者の親密な関係が特徴で、子どもを連れて(夫はめったに行かなかっただろうが)援農で年に数回田畑を訪れたり、春先に作付会議を行ったりしていた。生産者は身近な存在で、食卓では個人名が話題にのぼったと聞く。

だが、最近では、消費者が田畑を訪れるケースは少ない。大半は、せいぜい年に一回の収穫祭だ。とくに新規就農の若い生産者の場合、農作業が忙しいという事情を理解はできるものの、両者の関係性が薄くなっている傾向が強いように思う。そして、消費者と土との関係はほぼ切れていたのではないだろうか。身土不二ではなく、食農乖離だったのではないだろうか。

一方、家庭菜園や市民農園で自分が食べる野菜の一部を作る人や田んぼを借りて仲間と米を作る人たちは、比較的日常的に土と向き合っている。提携の消費者より土との親密度は高い。彼らの多くは悩みながら、野菜や米を作り、測定し、食べた。少なくとも、農作業をすぐに止めようとはしなかった。それは、多少なりとも耕すことの意味や楽しさが、体をとおしてわかっていたからではないだろうか。現在の不幸な分断を乗り越えるためには、消費者が田畑に出かけ、農の現状を知り、生産者の話を聞き、自らささやかな農の体験をすることから始めるしかない。

原子力発電所は、工業優先の高度経済成長社会のシンボルであった。だから、脱原発をめざすのであれば、必然的に経済成長という発想自体を問い直さなければならない。脱成長とは、第一次産業を重視した社会へ舵を切るということである。

そして、本気で持続可能な社会をめざすのであれば、農薬と化学肥料に依存しない、内部循環・低投入・自然共生の有機農業をフラッグシップとした持続型農業に切り替えるしかない。また、それは生産者と消費者が互いに理解し、支え合う関係性のもとで行われなければならない。それが、ふくしまから世界へ発するメッセージであり、最悪の原発事故を起こした日本人の果たすべき責任にほかならない。

（1）広井良典『創造的福祉社会――「成長」後の社会構想と人間・地域・価値』筑摩書房、二〇一一年。定常型社会については、広井良典『定常型社会』岩波書店、二〇〇一年、参照。

（2）西川潤「日本人が本当に幸福になるために――生活の豊かさの測り方」勝俣誠／マルク・アンベール編著『脱成長の道――分かち合いの社会を創る』コモンズ、二〇一一年。

（3）星寛治・山下惣一・石塚美津夫『往復鼎談　北の農民　南の農民――ムラの現場から二〇一一』NPO食農ネットささかみ、二〇一一年、六四〜六五ページ。

（4）セルジュ・ラトゥーシュ著、中野佳裕訳『経済成長なき社会発展は可能か――〈脱成長〉と〈ポスト開発〉の経済学』作品社、二〇一〇年。

（5）玉野井芳郎『生命系のエコノミー――経済学・物理学・哲学への問いかけ』新評論、一九八二年。室田武『エネルギーとエントロピーの経済学――石油文明からの飛躍』東洋経済新報社、一九七九年。多辺田政弘『コモンズの経済学』学陽書房、一九九〇年。

（6）玉野井芳郎・坂本慶一・中村尚司編『いのちと農の論理――都市化と産業化を超えて』学陽書房、一九八四年。

（7）前掲（4）、一八ページ。

（8）高橋哲哉「原発という犠牲のシステム」『朝日ジャーナル（『週刊朝日』緊急増刊）』二〇一一年六月五日号。

（9）田中優「電気消費量は大幅に減らせる」池澤夏樹・坂本龍一ほか『脱原発社会を創る30人の提言』コモンズ、二〇一一年。

**齊藤登**（さいとう・のぼる）【第４章１】

1959年、福島県生まれ。福島県二本松市在住。二本松農園主宰・福島県有機農業ネットワーク事務局長。

**阿部直実**（あべ・なおみ）【第４章２】

1967年、神奈川県生まれ。神奈川県藤沢市在住。主婦。

**黒田かをり**（くろだ・かをり）【第４章３】

1958年、神奈川県生まれ。東京都目黒区在住。CSOネットワーク事務局長・理事。共著＝『社会的責任の時代―― 企業・市民社会・国連のシナジー』（東信堂、2008年）、『これからのSR――社会的責任から社会的信頼へ』社会的責任向上のためのNPO/NGOネットワーク、2010年。

**戎谷徹也**（えびすだに・てつや）【第４章４】

1955年、徳島県生生まれ。埼玉県飯能市在住。（株）大地を守る会事業戦略部・放射能対策特命担当。共著＝『地球大学講義録――３・11後のソーシャルデザイン』（日本経済新聞出版、2011年）。

**小松知未**（こまつ・ともみ）【第４章５】

1983年、岩手県生まれ。福島市在住。福島大学うつくしまふくしま未来支援センター復興計画部門産業復興支援担当特任助教。

**小山良太**（こやま・りょうた）【第４章５】

1974年、東京都生まれ。福島市在住。福島大学経済経営学類准教授・福島大学うつくしまふくしま未来支援センター復興計画部門産業復興支援担当マネージャー。主著＝『競走馬産業の形成と協同組合』（日本経済評論社、2004年）、『あすの地域論』（共編著、八朔社、2008年）。

**大江正章**（おおえ・ただあき）【エピローグ】

1957年、神奈川県生まれ。東京都練馬区在住。コモンズ代表・アジア太平洋資料センター代表理事。主著＝『農業という仕事――食と環境を守る』（岩波書店、2001年）、『地域の力――食・農・まちづくり』（岩波書店、2008年）。

## ◆執筆者紹介◆

**菅野正寿**(すげの・せいじ)【第1章1・第5章】
1958年、福島県生まれ。福島県二本松市東和在住。あぶくま高原遊雲の里ファーム主宰、福島県有機農業ネットワーク代表、ゆうきの里東和ふるさとづくり協議会特産理事。共著=『脱原発社会を創る30人の提言』(コモンズ、2011年)。

**長谷川浩**(はせがわ・ひろし)【第3章・第5章】
1960年、岐阜県生まれ。福島市在住。日本有機農業学会副会長、福島県有機農業ネットワーク理事、元市民放射能測定所理事。共著=『有機農業研究年報1〜8』(コモンズ、2001〜2008年)

**中島紀一**(なかじま・きいち)【プロローグ・第1章5】
1947年、埼玉県生まれ。茨城県石岡市在住。茨城大学農学部教授、元日本有機農業学会会長。主著=『食べものと農業はおカネだけでは測れない』(コモンズ、2004年)、『有機農業の技術と考え方』(編著、コモンズ、2010年)、『有機農業政策と農の再生――新たな農本の地平へ』)(コモンズ、2011年)。

**伊藤俊彦**(いとう・としひこ)【第1章2】
1957年、福島県生まれ。福島県須賀川市在住。(株)ジェイラップ代表取締役。

**飯塚里恵子**(いいづか・りえこ)【第1章3】
1980年、千葉県生まれ。千葉県旭市在住。茨城大学農学部研究員。

**石井圭一**(いしい・けいいち)【第1章4】
1965年、東京都生まれ。宮城県仙台市在住。東北大学大学院農学研究科准教授。主著=『フランス農政における地域と環境』(農山漁村文化協会、2002年)、『自然資源経済論入門2――農林水産業の再生を考える』(共著、中央経済社、2010年)。

**浅見彰宏**(あさみ・あきひろ)【第1章6】
1969年、千葉県生まれ。福島県喜多方市山都町在住。ひぐらし農園主宰・福島県有機農業ネットワーク理事。

**野中昌法**(のなか・まさのり)【第2章】
1953年、栃木県生まれ。新潟市在住。新潟大学自然科学系教授。共著=『農業有用微生物――その利用と展望』(養賢堂、1990年)、『四日市学――未来をひらく環境学へ』(風媒社、2005年)。

## 〈資料〉原発事故以降の福島県の農業にかかわるおもなできごと

| | | |
|---|---|---|
| 2011年 | 3月11日 | 東日本大震災発生。3km 圏内に避難を、3～10km 圏内に屋内待避を、それぞれ指示 |
| | 12日 | 1号機で水素爆発。避難指示を 20km 圏内に拡大 |
| | 14日 | 3号機で水素爆発 |
| | 15日 | 2号機と 4号機でも水素爆発，20～30km 圏内の住民に屋内待避を指示 |
| | 17日 | 厚生労働省は、放射性のヨウ素、セシウム、ウラン、プルトニウムなどについて暫定基準値を発表 |
| | 17～22日 | 福島県と東京都で、水道水から乳児（100ベクレル/kg）、一般（300ベクレル/kg）の暫定基準値を上回るヨウ素131を検出 |
| | 19日 | 福島県は、浜通りおよび田村市の原乳出荷の自粛を要請 |
| | 23日 | 国は、福島県産葉菜類の出荷規制を指示 |
| | 24日 | 須賀川市で有機農業を営む男性が自殺 |
| | 31日 | 福島県は、20km 圏内を除く全県下で70カ所の農地土壌調査を開始 |
| | 4月 4日 | 京都大学の今中哲二氏ら飯舘村周辺放射能汚染調査チームは、3月末に飯舘村で放射線測定した結果を発表 |
| | 6日 | 福島県は、農地の土壌汚染調査結果を発表 |
| | 8日 | 農水省は、5,000ベクレル/kg を超える水田土壌の作付けを禁止する方針を発表（他の地域では稲作が解禁に） |
| | 13日 | 原発事故がチェルノブイリ事故と並ぶ「レベル7」に |
| | 14日 | 浜通りの5市8町3村で原木シイタケが出荷停止 |
| | 15日 | 会津産のホウレンソウから、暫定基準値（500ベクレル/kg）を超えるセシウムを検出 |
| | 16日 | 福島県内25市町村で原乳の出荷停止解除 |
| | 22日 | 飯舘村、浪江町、葛尾村の全域、川俣町と南相馬市の一部を計画的避難地域に、20km 圏内を警戒区域に、それぞれ指定 |
| | 30日 | 南相馬市は、全域で稲作を行わないことを発表 |
| | 5月 6日 | 文部科学省は、航空機による80km 圏内の放射能汚染および空間線量のマップを発表 |
| | 10日 | 飲料水の制限をすべて解除 |
| | 16日 | 南相馬市、伊達市、川内村の一部において特別避難勧奨地点を指定 |
| | 7月 8日 | 南相馬市産の牛肉から、暫定基準値を超えるセシウムを検出 |
| | 8月 1日 | 農林水産省は、セシウムの暫定基準値を、肥料および腐葉土は 400ベクレル/kg に、餌は 300ベクレル/kg に決定 |
| | 21日 | 贈答用の桃は販売不振で、価格も下落 |
| | 9月24日 | 福島県の予備検査で、二本松市小浜地区の米が暫定基準値を超える。それ以外の 45 市町村では暫定基準値超えはなし |
| | 30日 | 緊急時避難準備区域の指定を解除 |
| | 10月12日 | 福島県は、県産米の安全を宣言 |
| | 28日 | 内閣府食品安全委員会は、生涯の内部被曝を100ミリシーベルト以下に抑えるよう答申 |
| | 11月17日 | 福島市大波地区の米が暫定基準値を超えたため、出荷停止に |
| | 25日 | 福島県を南から北に流れる阿武隈川で 1日あたり524億ベクレルのセシウムが太平洋に流出（京都大学などの調査結果より） |
| | 28日 | 伊達市霊山町と月舘町産の米が暫定基準値を超える |
| | 12月16日 | 福島市産の贈答用リンゴの売り上げは例年の7割減 |
| 2012年 | 1月 4日 | 米の出荷規制は福島市、伊達市、二本松市の9地域に |
| | 24日 | 厚生労働省と内閣府食品安全委員会が、一般食品を100ベクレル/kg に、牛乳と乳児用食品を50ベクレル/kg に、飲料水を 10ベクレル/kg にする新基準値を福島市で説明 |
| | 2月 2日 | JAと農家の倉庫には依然として7割の米が山積み<br>福島県産牛肉の放射性セシウムは、ほとんどが検出限界（おおむね10ベクレル/kg）以下に（福島県調査） |
| | 5日 | 福島県のほとんどの市町村で、自治体やJAによる食品や農産物の放射能検査体制整備が進む（多くの場合、検査無料） |

放射能に克つ農の営み

二〇一二年三月一一日　初版発行

編著者　菅野正寿・長谷川浩



発行者　大江正章
発行所　コモンズ
東京都新宿区下落合一―五―一〇―一〇〇二
TEL〇三（五三八六）六九七二
FAX〇三（五三八六）六九四五
振替　〇〇一一〇―五―四〇〇一二〇
info@commonsonline.co.jp
http://www.commonsonline.co.jp/

印刷・東京創文社／製本・東京美術紙工
乱丁・落丁はお取り替えいたします。
ISBN 978-4-86187-091-0 C0036

＊本書の印税は福島県有機農業ネットワークに寄付されます。

## ＊好評の既刊書

**脱原発社会を創る30人の提言**
●池澤夏樹・坂本龍一・池上彰・小出裕章ほか　本体1500円＋税

**脱成長の道**　分かち合いの社会を創る
●勝俣誠／マルク・アンベール編著　本体1900円＋税

**子どもを放射能から守るレシピ77**
●境野米子　本体1500円＋税

**放射能にまけない！　簡単マクロビオティックレシピ88**
●大久保地和子　本体1600円＋税

〈有機農業選書1〉
**地産地消と学校給食**　有機農業と食育のまちづくり
●安井孝　本体1800円＋税

〈有機農業選書2〉
**有機農業政策と農の再生**　新たな農本の地平へ
●中島紀一　本体1800円＋税

**食べものと農業はおカネだけでは測れない**
●中島紀一　本体1700円＋税

**有機農業の技術と考え方**
●中島紀一・金子美登・西村和雄編著　本体2500円＋税

**天地有情の農学**
●宇根豊　本体2000円＋税

**本来農業宣言**
●宇根豊・木内孝ほか　本体1700円＋税

**半農半Xの種を播く**　やりたい仕事も、農ある暮らしも
●塩見直紀と種まき大作戦編著　本体1600円＋税